財報詭計

Financial Shenanigans, Fourth Edition

How to Detect Accounting Gimmicks and Fraud in Financial Reports

識破財報三表中的會計舞弊與騙局

Howard M. Schilit　　Jeremy Perler　　Yoni Engelhart

霍華‧薛利　　傑瑞米‧裴勒　　尤尼‧恩格哈特 ─────── 著　徐文傑 譯

謹將本書獻給霍華親愛的兄弟羅伯‧薛利（Rob Schilit），

他為《財報詭計》前幾個版本做出巨大的貢獻，

而且持續激勵我們。我們非常想念他。

CONTENTS

PART3

現金流舞弊

PART6

彙整

前言

財務偵探的旅程

　　各位親愛的朋友，我最近剛過 65 歲生日，自從寫下第一版
《財報詭計》之後，我開始反思過去 25 年來的生活與許多變化。
簡而言之，我感覺非常幸福。就個人層面來說，我和妻子黛安娜
（Diane）很喜歡把時間花在三個孫子上，而且熱切期待第四個孫
子誕生。從專業層面來說，我很高興與出色的合夥人傑瑞米・裴
勒（Jeremy Perler）、尤尼・恩格哈特（Yoni Engelhart）合著，
並一起創立我的第二個事業，這是一家叫做薛利鑑識（Schilit
Forensics）的鑑識會計（forensic accounting）顧問公司。

　　除了為客戶進行研究之外，我們還花大量的時間教導投資
人、監理機關、記者和研究生鑑識會計。我和合夥人近期在史丹
佛大學商學院（Stanford's Graduate School of Business）演講之
後，意識到距離《財報詭計》最新一版的出版時間已經過了 7

年，距離第一版的出版時間也已經接近 25 年。在這段期間，全球有超過 10 萬名讀者購買這本書，翻譯成中文、日文與韓文。在這些年來我們學到很多東西，因此我們感覺是該分享最新的會計造假，以及對這 25 年來的重要教訓所提供深刻見解的時候了。

但是在你繼續閱讀新版的《財報詭計》之前，請讓我們回到 25 年前，分享我對財務舞弊的研究，以及 1990 年以來意外而驚奇的旅程。

起點：1990 年代初期

身為華盛頓特區美國大學的會計學教授，我開始研究過去 40 年來最著名的會計詐欺案件。有很多案件已經由美國證券交易委員會（U.S. Securities and Exchange Commission）的會計與審計執行公告（Accounting and Auditing Enforcement Releases）記錄下來。我開始使用很多有趣的短文來教導中級會計學與審計學的課程。看到學生發現這些故事很有吸引力之後，我開始發表這些主題的文章，希望分享給更多的人。當然，要吸引更多的讀者，下一個符合邏輯的做法就是寫成一本書。

出版第一版《財報詭計》

1993 年初，麥格羅希爾出版《財報詭計》第一版，這本書向讀者介紹七大類型的操弄盈餘手法，辨別出 20 種管理階層可能採用的技巧，並參雜舉出很多因為欺騙投資人而判刑的實際公司例子。

在這本書出版之後，出現一些讓人興奮的驚奇事情。首先，很多讀者感謝我說明投資人為了保護財富可以採取的步驟。第二，這本書打進大型法人圈，他們想要找我來訓練分析師，希望能發現使用會計造假的公司。最後，他們開始要求我研究它們投資的公司。幸運的是，在這幾種情況下，我能夠使用這些技巧來警告他們投資的公司出現重大問題，而且他們也很感謝我避免他們受害。

1994 年成立金融研究與分析中心

儘管 1993 年是《財報詭計》出版的重要年份，而且也讓一些有影響力的投資人知道我，但我在 1994 年成立金融研究與分析中心（Center for Financial Research and Analysis, CFRA）的時候，還無法預期到接下來會有大幅改變。在我家多餘的房間裡，我開始每月出版一份通訊刊物，重點介紹我認為正在掙扎求生、

但使用會計造假來隱藏問題的公司。在每個月的 15 日，我藉由隔夜送達的郵件（overnight mail）發送報告給訂閱者。（那時我們還活在沒有網路和電子郵件的「黑暗時代」。）值得慶幸的是，這項服務深獲好評，在我們成立公司的第一年，有超過 60 家投資公司成為訂戶。

從教授過渡到全職企業家

1995 年，為了全心投入正在成長的事業，我辭去美國大學的教學職務。我租了一間辦公室，開始聘請分析師團隊。金融研究與分析中心開始啟動。到了 1999 年，我們開始在網路上對客戶發布警告訊息，並發送電子郵件。（是的，不再需要印出並整理報告，然後透過隔夜郵件發送出去。）隨著我們成為華爾街與世界級的主要參與者，我們的客戶數量大幅增加，客戶遍及五大洲，在華盛頓特區、倫敦、紐約和波士頓都設有辦公室。

金融研究與分析中心後期的經營與銷售

2000 年代初期，會計醜聞暴增，安隆（Enron）、世界通訊（WorldCom）和泰科（Tyco）都被發現犯下詐欺行為。美國參議院政府事務委員會（The Governmental Affairs Committee of the

U.S. Senate）在 2002 年 2 月調查安隆的詐欺行為，並要求我做證。我經常接受電視和報紙的採訪，談論愈來愈多公司使用的會計造假手法。

2002 年 4 月，《財報詭計》第二版上市，因為股票市場因為一直出現使用會計造假的公司，因此這本書的銷售量飆升。

跟你的想像一樣，這對金融研究與分析中心來說可以說是黃金時期。光是 2002 年就有超過 200 個新用戶訂閱我們的研究產品，到年底我們已經服務超過 500 個客戶。投資機構在監控投資的公司時需要更多的幫助，而且放空操作的投資人也在伺機尋找「下一個安隆公司」。在金融研究與分析公司忙碌工作的這段期間，我們雇用更多分析師，幸運的是，傑瑞米和尤尼都進入公司，而且很快成為主管。傑瑞米最後成為全球研究主管，而尤尼領導量化分析團隊，並主導公司的業務策略。

2003 年初，幾個潛在併購者來敲門，我決定將多數股權賣給波士頓的私募基金公司 TA Associates，傑瑞米和尤尼後來留在金融研究與分析中心好幾年，而我則離開日常經營的工作，開始「蟄伏歲月」，撐過長時間的競業條款，直到 2010 年底競業條款失效為止。尤尼在 2008 年離開公司，到哈佛商學院就讀，畢業後，進入波士頓一家投資管理公司。傑瑞米到 2011 年一直待在金融研究與分析公司，後來在一家著名的避險基金擔任鑑識會計專家。

寂靜的歲月與《財報詭計》第三版出版

我退休後多次旅行，仍然為投資機構和 MBA 學生舉辦研討會。到了 2009 年，我渴望分享一些新構想，因此我聯繫傑瑞米，和他合寫《財報詭計》第三版。在 2009 年夏天與秋天初期，我們因為這本書緊密合作，並在隔年的四月出版。我知道競業條款會在那年稍晚解禁，因此變得更加活躍的到處演講、參加研討會、接受訪問，並深入研究各個公司。我很興奮退休後即將從頭開始創立的新事業。

建立第二個事業：薛利鑑識公司

到了 2010 年底，我的競業條款限制已經結束，《財報詭計》第三版暢銷，而且媒體也注意到我從退休生活中回歸了。《霸榮周刊》（Barron's）報導的文章標題是：〈一個財務偵探所發現的受虐世界〉（A Financial Sleuth Finds a World of Abuse）。

因此，在 2011 年時，我創立薛利鑑識公司，以小規模的方式經營，只告訴幾個客戶要試試水溫。我故意放慢腳步，因為從休閒生活變成全職工作讓人望而生畏。客戶簽了三個月的合約，要我幫忙解決會計為主的複雜問題。薛利鑑識公司與我的第一個事業相反，這是致力於提供客製化研究計畫的事業，而不是發出

報告，提供訂閱服務。

　　我真的很享受這份工作的本質，而且還與一小群非常值得讚賞的客戶緊密互動。2013 年 3 月，傑瑞米打了一通恭賀電話給我，讓我很訝異。他還在同一家避險基金公司工作，而且儘管他在那裡的工作還是非常快樂，他還是在思考該如何以更具創業家精神的方法來應用鑑識會計專業。我們很快就意識到，我們應該進一步聯手打造薛利鑑識公司。那個週末，他搭飛機來我在佛羅里達的冬季避寒別墅，我們正式建立夥伴關係。

　　僅僅幾個月後，傑瑞米和我就與我們的好友、也是前同事尤尼取得聯繫，請他加入成為第三個合夥人。他在一家著名的投資公司有很好的表現，但是強烈希望發揮自己的創業家精神。尤尼的熱情也反映出我們的熱情，因此他在 2013 年 7 月加入薛利鑑識公司。我們三個人現在已經合作 5 年，而且我們已經發展成一個令人印象深刻的分析師團隊，還有眾多的客戶。我們每天都會仔細閱讀監管文件、投資人的簡報，以及其他文件的詳細訊息，在企業問題浮上檯面前辨認出來。這樣我們就能夠幫助客戶做出更好的投資決策。

　　我和合夥人都非常喜歡教導客戶，並熱切期望學生能夠發現試圖使用有創意的會計遊戲來掩蓋營運問題的公司。而且我們也同樣很興奮能以這本特殊的新版《財報詭計》，與你、我們的讀者和朋友分享這 25 年來我們的學習和經驗。希望你能享受這樣

的閱讀體驗，並隨時與我們保持聯繫！

霍華・薛利

薛利鑑識公司創辦人與執行長

howard@schilit.com

PART 1

建立基礎

第一章

財務舞弊的誘惑

在 2001 年初，奎斯特通訊公司（Qwest Communications）執行長喬伊・納奇歐（Joe Nacchio）在全公司人員都參加的會議裡站在台上，發表激勵人心的演說，試圖激勵團隊，使他們專注在他安排的優先事項。「所有我們要做的事中，最重要的就是達到目標數字。」納奇歐宣稱：「這比任何產品都還要重要，比任何個人哲學都還要重要，比我們創造的任何文化變革都還要重要。如果我們沒有製造出這些數字，就會停止做其他事情。」透過納奇歐的言行，他創造出一種文化，讓公司產生 250 億美元的夢幻營收，也讓自己進了聯邦監獄，並摧毀投資人，投資人看著公司股價在他這場演講的 18 個月後跌掉 97%。

所有上市公司的資深經理人都渴望報告正面的消息和令人印象深刻的財報數字，這樣就可以讓投資人感到滿意，推升股價。

儘管大多數公司在報告業績表現時會遵守道德規範，並依循財報編製規則，但有些公司為了「製造數字」，還是會利用會計原則的灰色地帶（或是更糟的情況是完全忽視會計原則）。

只要有公司和投資人，高階經理人渴望改善財務表現的願望就會一直存在。不誠實的公司長期以來一直使用這些技巧來欺騙毫無戒心的投資人，而且這種情況不太可能會改變。就像所羅門王（King Solomon）在《傳道書》（*Ecclesiastes*）中說道：「已有的事後必再有；已行的事後必再行。」在取悅投資人的需求永無止境下，管理階層利用財務舞弊來誇大公司業績表現的誘惑會一直存在。

對於那些很難符合投資人預期、或強烈渴望打敗競爭對手業績表現的公司來說，耍弄會計造假手法的吸引力特別強烈。而且儘管多年來投資人面對這些會計造假已經變得更加精明，不誠實的公司還是開發出新的花招（或回頭使用舊方法）來欺騙股東。

愚弄投資人的藝術

這本書的核心是分析公司管理階層以不同的方法欺騙投資人。這些花招通常是企圖掩蓋公司經營嚴重惡化的一些情況，像是銷售放緩、毛利縮減，或是現金流下降。

從很久很久以前開始，財務舞弊就是投資人痛苦的根源，最

近 25 年尤其殘酷。為了更好應對未來 25 年不可避免的挑戰，我們先來回顧一些最重要的案例研究，以及從中得到的關鍵教訓。

▍無法一直仰賴稽核員：廢物管理公司

從 1992 年開始的 6 年來，芝加哥的垃圾搬運商廢物管理公司（Waste Management Inc., WM）誇大稅前盈餘高達 17 億美元，被美國證券交易委員會描述為「我們見過最嚴重的詐欺行為之一」。在那時，它是美國公司史上提報最多所得不實的代表案例。

從 1993 年到 1995 年，廢物管理公司的業務急速成長，斥資數十億美元併購 441 家難以理解的公司。隨著這些併購案而來的是不可避免會因為收益要付出特殊的費用。這些「一次性」的費用變得很普遍，以至於在 1991 至 1997 年的 7 年間，廢物管理公司減記的資產總共有 16 億美元。由於投資人在評估公司的獲利能力時一般會忽略特殊費用，因此廢物管理公司似乎處於最佳狀態。此外，為了讓投資人對真正的情況一無所知，廢物管理公司是用眾多資產銷售的一次性投資收益來抵銷（或「扣除」）這些特殊費用。

廢物管理公司還惡名昭彰的想辦法藉由延遲認列費用來誇大獲利。這間公司積極將維護、維修與利息成本列在資產負債表上，而不是認列為費用，而且公司還利用增加殘值與延長使用壽

命來讓垃圾車的折舊成本降到最低。

就像你會在這整本書中看到的情況，在公司進行大量併購時，重大的會計問題就可以輕鬆解決。廢物管理公司在 1998 年 7 月併購美國廢物服務公司（USA Waste Services）之後，新任的執行長開始關注公司內控和會計實務，並下令進行一次特殊審查。審查中最讓人不安的一項發現是，公司的內控太糟，以至於無法相信之前的財報。廢物管理公司在季報中向投資人發出警訊：

在與獨立的安達信會計師事務所（Arthur Andersen）諮詢過後，公司得出的結論是，事務所為編製期中財報所準備的內部控制資訊，並沒有提供足夠的基準可以給獨立會計師完成審查……

在美國證券交易委員會起訴廢物管理公司的詐欺指控後，我們後來在審查的法律文件中了解到，稽核的安達信會計師事務所早就意識到公司有會計問題，但是它選擇「保護」客戶。早在 1993 年，事務所計算公司不實認列的金額總共是 1 億 2800 萬美元，如果全部認列的話，會使得不計入特殊項目前的淨利減少 12％。但是事務所的合夥人認為這些不實認列「無關緊要」，而且他們以清楚的評價來核可 1993 年的財報。

確實，每年安達信會計師事務所指出廢物管理公司在會計認列上有問題時，提出調整和重編財報的建議都被管理階層忽視，

這並不意外。在 1995 年的審計期間，事務所顯然不同意廢物管理公司將一次性收益與特別費用相抵，也不同意公司選擇不透露會計實務的做法。以下文字摘錄自審計人員 1995 年的內部備忘錄：

這家公司一直有意的不使用特殊費用（來消除前幾年在資產負債表累積起來的錯誤與不實認列），而是使用「其他收益」來完全掩蓋資產負債表的費用。

儘管在備忘錄中記錄會計師對於這種財報編製實務表達強烈的反對意見，安達信會計師事務所還是選擇不對 1995 年的財報提出不利意見，也沒有採取做法來讓公司在接下來幾年終止這樣的會計實務做法。這是因為事務所與公司的高階經理人已經變得過於緊密，而且在經濟上對這家公司過於依賴，進而阻止事務所審慎的服務投資人，並警告投資人公司有這樣的問題嗎？實際上，廢物管理公司是安達信會計師事務所芝加哥辦公室最大的客戶，而且從 1971 年廢物管理公司首次公開發行以來，事務所每年都是這家公司的審計人員。

▋ 併購不會讓問題消失：CUC 與勝騰集團

就像廢物管理公司一樣，使用併購策略來達到快速成長的公司也可以發現很多財務舞弊。就以 CUC 國際公司（CUC

International）為例，這是一家由瓦特・富比士（Walter Forbes）經營、在 1980 年代至 1990 年代多數時間深受股市歡迎的公司。到了 1990 年代中期，CUC 開始併購，這應該會給投資人一個警示。在 1996 年 4 月，公司以將近 4 億美元併購伊迪安集團（Ideon Group）。透過這次合併，CUC 承接下大量的訴訟，而且為了這些訴訟總計認列 1.37 億美元的準備金當作成本。在伊迪安集團結束營業後不久，CUC 以大約 20 億美元的價格買下戴維森和雪樂山線上公司（Davidson and Sierra On-Line）。這些企業製作教育類軟體遊戲，完全與 CUC 的核心事業無關，而且還帶來大量與併購相關的準備金。

勝騰集團（Cendant）在 1997 年 12 月成立，由亨利・希維爾曼（Henry Silverman）的旅館業特許經營系統（Hospitality Franchise Systems, HFS）和瓦特・富比士的 CUC 國際公司合併而成。這種創造合併相關準備金的做法持續到 1997 年底（當時 CUC 即將與旅館業特許經營系統合併成勝騰集團），CUC 安排來減記與這個交易相關的準備金高達 5.56 億美元。

1998 年 3 月，當 CUC 的財務問題攤在投資人面前時，股價終於崩跌。之後的調查和訴訟文件指出，詐欺的金額相當驚人。光是在 1996 年和 1997 年，調查人員就發現假造的營業利益超過 5 億美元。瓦特・富比士因為這項罪行被判處 12 年的有期徒刑，並賠償 32.5 億美元。而 CUC 的審計人員安永會計師事務所

（Ernst & Young）因為沒有進行適當的檢測來發現詐欺行為，在一項集體訴訟中付出 3 億美元和解。

▌看似不可信的數字就不應該相信：安隆

　　與廢物管理公司和 CUC 等併購引發的詐欺行為不同，安隆的騙局完全是自然產生的：它只是以戲劇性的方式來改變商業模式（以及會計政策），安隆也許是上一代最知名的會計詐欺公司，它大致上是一個鮮為人知的天然氣生產商，幾年後演變成一個大型大宗商品貿易公司。這種商業模式的大幅改變伴隨著 1990 年代後期的營收迅速成長。在短短 5 年內，安隆的營收已經驚人的以 10 倍速成長，從 1995 年的 92 億美元，成長到 2000 年的 1008 億美元。光是 2000 年，安隆的營收就成長 151％，從 401 億美元成長到 1008 億美元。

　　就如表 1-1 顯示，儘管安隆的銷售金額大幅成長，淨利的成長卻緩慢得多。具體來說，在這段期間營收成長 10 倍，而淨利則勉強成長近 1 倍。

表 1-1　1995-2000 年安隆的營收和淨利

（百萬美元）	1995 年	1996 年	1997 年	1998 年	1999 年	2000 年
營收	**9,189**	13,289	20,273	31,260	40,112	100,789
淨利	**5,200**	5,840	1,050	7,030	8,930	9,790

好奇的投資人可能會質疑其他公司只花 5 年的時間就設法將營收從不到 100 億美元成長到超過 1,000 億美元。但這個問題的答案是：永遠不會發生這種情況。安隆驚人的營收成長史無前例，而且這家公司在沒有進行任何大型併購下就可以達到這樣的成長，根本不可能！財報的營收成長是來自公司對於銷售這種交易活動的特殊對待。這些交易產生些微的獲利，但是因為交易的名目價值被認列為營收的一部分（以及商品銷售的成本），因此顯示出事業正處於高速成長期。

▌除了盈餘，還要關注自由現金流：世界通訊

環顧世界通訊的公司史，公司的成長大多來自併購。（我們會在 PART5 解釋，以併購驅動成長的公司會給投資人帶來最大的一些挑戰和風險。）世界通訊最大的一筆交易是 1988 年以 400 億美元的價格併購 MCI 通訊公司（MCI Communications）。

幾乎從一開始，世界通訊就使用積極的會計實務來誇大盈餘和營運現金流（Operating Cash Flow）。與 CUC 很像，其中一個主要的舞弊手法就是參與併購、立即減記大部分的成本、提列準備金，然後依據需求把這些準備金轉換成收益。在公司短短存在的時間，世界通訊進行超過 70 筆併購交易，繼續「填補」準備金，以便能將這些準備金變成未來的盈餘。

如果世界通訊 1999 年 10 月宣布以 1290 億美元併購規模更大的斯普林特公司（Sprint）被政府許可，那麼這個策略可能會繼續進行下去。美國司法部的反托拉斯律師與監理單位和歐盟相關的單位因為擔憂壟斷問題而駁回這次併購。如果沒有併購，世界通訊就無法獲得必要的新準備金，當過去的準備金很快轉換成收益之後，準備金很快就會耗盡了。

到了 2000 年初，由於股價下跌，加上華爾街要求達到獲利目標的壓力，世界通訊開始採取一種全新、而且更加積極的舞弊：將一般業務費用從損益表移到資產負債表。世界通訊公司其中一個主要的營運費用是所謂的線路成本（line costs）。這些成本是世界通訊付給第三方電信網絡供應商以取得連接其網絡權利的費用。會計原則明確要求這樣的費用應該列為支出，而且**不能資本化**。儘管如此，世界通訊還是在損益表中移除數億美元的線路成本，以此迎合華爾街。這種做法使世界通訊大幅低估支出，並誇大盈餘，蒙騙投資人。

由於盈餘被高估，投資人在評估世界通訊的現金流量表時會發現一些明顯的警告訊號，特別是快速惡化的自由現金流。世界通訊竄改淨利與營業活動現金流。藉著把線路成本視為資產，而不是費用，不當的誇大獲利。此外，因為世界通訊不當的把這些支出列在現金流量表的投資活動，而不是營業活動，同樣也誇大營業活動現金流。儘管財報的營業活動現金流看起來與盈餘相

符，但公司的自由現金流卻呈現出真正的情況。

2002 年初，世界通訊內部的稽核小組憑著直覺，開始祕密調查他們認為可能是詐欺的項目。在發現一筆 38 億美元的不當會計科目之後，他們馬上通知公司的董事會，事情就這樣快速發展。財務長被解雇，會計長辭職，安達信會計師事務所撤回 2001 年的查核報告，而且美國證券交易委員會也展開調查。

世界通訊的好日子已經不多了。2002 年 7 月 21 日，這家公司申請破產保護，當時這是美國歷史上規模最大的破產保護事件（這個記錄已經在 2008 年 9 月被雷曼兄弟〔Lehman Brothers〕打破）。根據破產重組的協議，這家公司付給美國證券交易委員會 7.5 億美元的罰款，並重新提報公司盈餘，新的數字可說是慘不忍睹。總的來說，公司重新調整後的數字與原先數字差距超過 700 億美元，包括調整 2000 年與 2001 年的數字，從原先提報將近 100 億美元的獲利，驚人的變成虧損超過 640 億美元。公司的董事們也感受到壓力，他們不得不付出將近 2500 萬美元來在一項集體訴訟上達成和解。

這家公司在 2004 年從破產中重生。之前的債券持有人只得到原來價值 36% 的新公司債券與股票，而之前的股東則完全被拋棄。2005 年初，威瑞森通訊（Verizon Communications）同意用大約 70 億美元的價格併購公司的競爭對手 MCI。兩個月後，前世界通訊執行長柏納德・艾伯斯（Bernard Ebbers）被發現犯下所

有的指控，認定有詐欺與串謀罪，而且提報假造的文件。後來被判處 25 年有期徒刑。

資產負債表無法反映企業的真實趨勢：雷曼兄弟

就像 1929 年股票市場崩盤讓我們的父母輩與祖父母輩感到恐懼一樣，2008 年的金融市場大屠殺顯然給所有屋主和投資人留下痛苦的回憶。也許沒有一家華爾街股票經紀人的結局比雷曼兄弟還糟糕，因為雷曼兄弟的股價在 2008 年 9 月暴跌，而且（從資產規模來看）還是美國公司史上最大的破產案。

在破產法庭法官委託調查雷曼兄弟破產的報告中，律師安東・瓦盧卡斯（Anton Valukas）指控，這間公司的資產負債表隱藏 500 億美元的債務，巧妙的誤導投資人和債權人。這種欺騙行為與雷曼兄弟對於所謂的「回購 105」（Repo 105）這個神祕（而且之後還改變的）會計原則做出積極的解釋有關。

透過非常短期的抵押貸款（例如利用工資）借錢時，收到的現金應該在資產負債表上認列為負債，而且抵押品應該保留在借款人資產負債表的資產上。當認列在資產的抵押品價值至少占貸款價值的 105％時，「回購 105」原則就會允許一種例外的情況。在這些情況下，這筆交易不再被視為一種貸款，而是被視為是一

筆抵押資產的出售與之後的回購。雷曼兄弟抓住這個漏洞，藉此把抵押的貸款視為資產的銷售。因此，雷曼兄弟不會把收到的現金列為短期的負債，而是列為資產的短暫減少。

　　破產檢查人（bankruptcy examiner）的報告強調，雷曼兄弟的回購 105 交易餘額在月底和季底或年底都出現急遽成長。由於隔夜拆款在整季應該都會保持相當的穩定，回購 105 交易金額只有在對應財報的特定日期才會跳升，也許表明雷曼兄弟為了誤導投資人相信公司的槓桿操作較低，因此人為壓低負債餘額。表 1-2 顯示雷曼兄弟回購 105 交易餘額的每月趨勢。請注意，在 2008 年 5 月，回購 105 的餘額從 3 月的 246 億美元和 4 月的 247 億美元跳升至 508 億美元。同樣的可疑現象也可以在更早期發現。

表 1-2　雷曼兄弟回購 105 在月末的數量

（百萬美元）	2007 年第四季 2007/11	2007/12	2008/1	2008 年第一季 2008/2	2008/3	2008/4	2008 年第二季 2008/5
回購 105 的餘額	$38,600	N.A.	$28,900	$49,100	$24,600	$24,700	$50,800

▌仰賴管理階層喜愛的績效指標很危險：威朗製藥

　　與剛提到安隆、世界通訊等更為著名的詐欺事件不同，威朗製藥（Valeant Pharmaceuticals）的故事不全然是個詐欺故事，更

多的是一個聰明的公司使用誤導的指標來欺騙一些最成功的法人。如果我們放鬆警戒，或是與公司的管理階層變得太緊密，發生在這些法人身上的事就有可能發生在我們每個人身上。

　　但是，喔，投資人是多麼喜歡這家公司。在不到十年的時間裡，威朗製藥的市值從幾十億美元增加到 2015 年 8 月初的 900 億美元。然而，在接下來的兩年中，市值下跌 96％，損失的市值高達 870 億美元。為了讓你更清楚這些數字有多大，可以比較一下，安隆的股票市值總共消失 740 億美元，而勝騰集團則消失 290 億美元。

　　威朗製藥無法用符合一般公認會計原則（GAAP）規定的盈餘來實現或維持龐大的市值成長，在大多數的年份，這家公司都公布巨額的虧損。然而，管理階層向投資人強調一個誤導、非一般公認會計原則的「現金收益」（cash earnings）指標做為更好的業績標準。隨著併購交易推動營收成長，而且不計入盈餘衡量的費用數量增加，使得現金收益迅速成長。公司說服投資人忽略所有顯然不正常的費用、這段期間反覆有現金流出，然後公司開始採取藉由併購來成長的策略，確保大部分的成本會藉由折舊、攤銷，或一次性的併購相關費用呈現出來。在 2013-2016 年間，威朗製藥公布的現金收益總共有 96 億美元，而以一般公認會計原則稽核的淨利總計則**虧損** 27 億美元，差額高達 122 億美元。

展望未來

在過去 25 年努力不懈的旅程中，我們不只發現管理階層用來欺騙投資人的祕密勾當，也分享這些教訓給我們的讀者。在最新版的《財報詭計》中，我們增加一類新舞弊：併購會計舞弊（Acquisition Accounting Shenanigans），因為併購行為提供管理階層一個便利的方法去進行祕密的會計勾當。

我們希望這個新版能提供你一些工具，讓你嗅出關鍵的警告訊號，而且能讓你充滿信心的保護自己的財富，讓財富成長。

第二章

只是改一下 X 光片

> 我無法負擔這個手術，但是你願意接受以一筆小額費用來改
> 一下 X 光片嗎？
>
> ——華倫・巴菲特（Warren Buffett）

　　傳奇投資人華倫・巴菲特大方的用每年給股東的信當作工
具，教育所有利害關係人投資的藝術。在其中一封信中，這位奧
瑪哈的先知針對一個跟我們密切相關的主題提供一個切中要害的
教訓，那個主題是：利用財務舞弊來隱瞞投資人討厭真相的公
司。這封信描述一個重病患者和醫師的對話，這場對話就在一張
X 光片顯示出病況的壞消息之後。病人沒有接受健康惡化的診
斷，而是針對這個可怕的消息要求醫生簡單的改一下 X 光片。巴

菲特用這個故事警告投資人留意藉著**修改**財報來試著隱藏實際上事業健康狀況惡化的公司。接著巴菲特如預言般的補充說:「不過從長期來看,這些利用會計手法掩蓋經營問題的管理階層還是要面對真正的麻煩。最終,這類管理階層會落入重症患者相同的結果。」

毫無無疑問,一家公司利用財務舞弊來遮掩不佳的經濟健康狀況,與一個醫師修改 X 光片來讓病人的身體健康狀況看來更好沒什麼兩樣。這樣的花招毫無意義,因為公司惡化的情況依然沒有改變,而且最終有一大會暴露出來。

我們將在本書前幾章提供廣泛的案例研究,包括那些為了使不可避免的壞消息延遲曝光,而只修改財務業績和經濟健康問題的公司,以及事先辨識它們的技術。

什麼是財務舞弊?

財務舞弊是管理階層要誤導投資人公司財務表現或經濟健康所採取的行動。結果,投資人因此被騙,以為公司的營收很強勁、現金流更加穩健,而且資產負債表的狀況比實際上更為可靠。

有些舞弊可以藉由仔細閱讀公司的資產負債表(正式名稱是「財務狀況表」〔Statement of Financial Position〕)、損益表(營業報告〔Statement of Operations〕)與現金流量表所呈現的數字來偵

測出來。其他舞弊的跡象也許沒那麼容易可以從數字中看到，而是要仔細檢查附注的描述、季盈餘報告與其他管理階層的表現。我們把財務舞弊分成四大類（在 PART2 到 PART5 會討論），包括操弄盈餘舞弊（PART2）、現金流舞弊（PART3）、關鍵指標舞弊（PART4），以及併購會計舞弊（PART5）。

▌操弄盈餘舞弊（PART2）

當企業的表現無法達到華爾街預期的盈餘時，投資人就會嚴厲批評高階經理人。毫不意外，為了拉高股價（往往還要拉高高階經理人的薪資紅利），一些公司會採取各種舞弊手法來操縱盈餘。我們已經辨別出以下七個操弄盈餘的舞弊手法，會對一家公司可持續發展的盈餘做出不實的描述。

操弄盈餘舞弊 7 手法
1. 提前認列營收
2. 認列假營收
3. 利用一次性或無法持續的活動來增加收入
4. 把目前產生的費用移到後期
5. 利用其他技巧來隱藏費用或損失
6. 把當期收益移到後期
7. 將未來的費用移到當期

現金流舞弊（PART3）

近年來，大量的財報醜聞和盈餘修正使許多投資人質疑管理階層是否可以自由操縱財報的盈餘數字。因此投資人愈來愈關注現金流量表，尤其是強調營業活動現金流（Cash Flow From Operations, CFFO）。

很多投資人認為現金流不像盈餘，絕對可靠，而且很難操縱。可惜的是，這只是一廂情願的看法。現金流量表並無法對會計造假免疫，而且在很多方面，操縱現金流跟操縱盈餘一樣容易。我們辨別出以下三種現金流舞弊手法，可能會使一個事業實際的現金獲利能力呈現不實的描述。

現金流舞弊 3 手法
1. 將融資現金流入移到營業活動下
2. 將營運現金流出移到其他活動下
3. 利用無法持續的活動來增加營運現金流

關鍵指標舞弊（PART4）

到目前為止，我們已經處理傳統財報的舞弊手法。但是，為了滿足更廣泛的特定公司與特定產業的指標，有愈來愈多績效表

現會由其他形式來呈現。這些形式包括衡量像是同店銷售（Same-Store-Sales）、訂單（Bookings）、使用者平均營收貢獻（Average Revenue per User, ARPU）、投入資本報酬率（Return on Invested Capital, ROIC）、稅前息前折舊攤銷前獲利（Earnings Before Interest, Taxes, Depreciation, and Amortization, EBITDA），以及很多其他的指標。因為這些指標在一般公認會計原則的範圍外，因此公司在計算和報告關鍵指標時有很更多自由裁量權。這自然創造出舞弊的機會。PART4 要介紹兩種關鍵指標舞弊手法。

關鍵指標舞弊 2 手法
1. 顯示誤導性的指標數字，誇大業績表現
2. 扭曲指標數字，避免顯示公司經營惡化

▎併購會計舞弊（PART5）

在過去 25 年中，我們發現一些最讓人擔憂的舞弊手法隱藏在複雜的併購會計流程裡。因此我們將這部分的舞弊增加在新版的《財報詭計》中，強調評估併購驅動型公司本身的複雜性，而且辨別出常使投資人犯錯的舞弊手法。

> **併購會計舞弊 3 手法**
> 1. 人為誇大營收和盈餘
> 2. 虛報現金流
> 3. 操縱關鍵指標

用全面性的方法偵測財務舞弊

▌「制衡」的重要性

　　從 1972 年 6 月位於華盛頓特區水門飯店（Watergate Hotel）的民主黨全國委員會（Democratic National Committee）辦公室一樁竊盜案開始，最終到 1974 年 8 月導致美國總統史無前例的辭職。實際上，美國總統尼克森被逐出辦公室的事件證實美國的制衡系統確實在發揮作用。司法和立法部門發揮重要作用，制止國家的執行長濫用職權。最高法院一致裁定總統尼克森不能行使總統職權來避免調查人員取得被認為可能包含破壞性證據的白宮錄影帶，而且眾議院司法委員會建議彈劾白宮。面對在眾議院與參議院的彈劾投票可能失利，尼克森因此辭去總統職務。

　　1999 年，美國總統柯林頓（Bill Clinton）因為不當的行為，把行政辦公室推向另一次憲政危機。眾議院投票譴責柯林頓違背誓言，對白宮實習生的關係說謊，指出總統「為個人利益和免責

行為故意破壞與操縱美國的司法審判程序」。但是，在最高法院大法官威廉・蘭奎斯特（William Rehnquist）的主導下，參議院難以在「重罪與輕罪」（high crimes and misdemeanors）的項目下找到彈劾理由，柯林頓因此獲判無罪。

　　無論目標是維護民主，還是捍衛財報的完整性，制衡機制對於防止、發現與懲罰不當行為都很重要。就跟政府組織一樣，財報也有三個不同的「分支機構」，那就是損益表、資產負債表與現金流量表。當其中一份報表內涵舞弊時，通常會在其他報表中呈現出警告標誌。因此，往往可以透過資產負債表和損益表上的異常模式來間接偵測到操弄盈餘的舞弊手法。同樣的，破解損益表和資產負債表的特定改變，也可以幫助投資人嗅出現金流舞弊。

▎ 怎樣的環境會孕育出舞弊？

　　在組織架構薄弱或監督不足的公司會為舞弊提供肥沃的溫床。投資人應該藉由詢問以下三個基本問題來探究公司的治理與監督：（1）資深經理人之間是否有適當的制衡，來制止公司的不法行為？（2）董事會成員以外的人在保護投資人免受貪婪、誤導或無能的管理上是否發揮有意義的作用？（3）當管理階層做出不當的行為時，審計人員是否擁有獨立性、知識與決心來保護投資人？以及（4）公司是否採行不當的迂迴步驟來避免監理審查？

▌ 管理團隊缺乏制衡

在最好的公司裡，資深經理人可以自由的相互批評，並表達不同的意見，就像在一個美好的婚姻一樣。在不健康的公司裡，獨裁領導人會粗暴對待其他人，與處在一個不好的婚姻裡沒什麼不同。如果那個獨裁的領導人一心想要創造出誤導人的財報，投資人就會面對極大的風險。當一家公司存在著恐懼和脅迫的文化時，誰能制止執行長？對投資人而言，重要的是讓資深管理階層間存在足夠的制衡機制，避免他們做出不良行為。

警惕在管理階層間缺乏制衡的公司

如果資深管理階層團隊裡有堅強、自信和遵守道德的成員，他們會阻撓不誠實的執行長或財務長，並向董事會和審計人員報告他們的不當行為，為投資人提供最好的服務。但是，當沒有這種制衡手段存在時，往往就會出現財務舞弊。舉例來說，以某個小團體的家庭和朋友擔任重要經理人職務的組織架構，可能會使管理階層膽大妄為，耍弄財報詐欺手段。此外，一個權力高張、恃強凌弱的執行長，像是夏繽公司（Sunbeam）的艾爾·鄧勒普（Al Dunlap），或是南方保健公司（HealthSouth）的理察·斯克魯士（Richard Scrushy），以及擁有怯弱的同夥或有互相衝突的部屬，都會增加管理階層做出不當行為的風險。

留意不惜一切代價都要獲勝的資深經理人

在上一章一開始，我們分享喬伊・納奇歐在 2001 年公司會議上與團隊的談話時始終強調「製造數字」的必要性。

憑著這種可怕的理念，沒有人會訝異納奇歐和六位前奎斯特通訊公司的高階經理人會被美國證券交易委員會起訴，指控他們從 1999 至 2002 年策劃高達 30 億美元的會計詐欺活動，納奇歐後來被定罪，並判處近 6 年的有期徒刑。

懷疑管理階層在自誇或推銷

當管理階層公開宣稱連續達到或超越華爾街的預期時，投資人應該要格外當心。公司總是會出現困難或成長減緩的時期，管理階層也許感覺有更大的壓力去使用造假的會計手段，而且或許會使用詐欺手段來保持連續的成功，而不是宣布成功已經結束。

以符號科技公司（Symbol Technologies）為例，這是一家總部在長島的條碼掃描器製造公司。符號科技公司似乎從沒有讓華爾街失望過。這家公司連續 8 年以上達到或超越華爾街預期的獲利預估，連續 32 季成功達標。實際上，符號科技公司幾乎使用書中所有的舞弊來維持「連勝記錄」。美國證券交易委員會最後逮到並懲罰符號科技公司，指控這家公司在 1998 至 2003 年間犯下重大的詐欺罪。

許多引發轟動詐欺案的公司都強調類似的連勝記錄，包括超

市巨頭皇家阿霍德（Royal Ahold）、汽車零件製造商德爾福公司（Delphi Corporation）、工業綜合集團奇異公司（General Electric Company），以及甜甜圈店 Krispy Kreme。後來成為歐洲最大詐欺案之一的皇家阿霍德就一直向投資人誇大它的收益：

這是我們連續 13 年淨利大幅成長。在這 13 年間，阿霍德一直達到或超越獲利預期，而且我們打算繼續這樣做。

缺乏有能力或獨立的董事會

在公司的董事會擔任外部董事可能是世界上最好的兼職工作，這可以帶來聲望、津貼和豐厚的薪水，每年得到的現金與非現金報酬往往超過 20 萬美元。

儘管我們知道這種情況對幸運的董事來說是很好的發展，但往往不清楚投資人是否會從這些受託人中得到必要與預期的保護。投資人必須在兩個層面上評估董事會成員：（1）他們是否適合擔任董事會成員，而且他們是否有資格擔任所屬委員會（例如審計或薪資委員會）的成員，以及（2）他們是否適當的履行他們的責任，來保護投資人？

▌不適任或準備不足的董事會成員

（有一定年紀的）棒球迷肯定記得長期擔任洛杉磯道奇隊
（Los Angeles Dodgers）的經理、後來成為公司推銷員的湯米·拉
索爾達（Tommy Lasorda）。當然，湯米在棒球場上有發展天
分，而且有著幫助公司叫賣產品的特質與魅力。但是，身為上市
公司孤星牛排餐廳（Lone Star Steakhouse）的董事會成員，湯米
可能「心有餘而力不足」。儘管他在棒球界 70 年的資歷讓人印象
深刻，但這些資歷可能沒有給他強大的財務分析能力。

更糟糕的是，前海斯曼獎（Heisman Award）（注：每年頒發
給美國大學最佳美式足球員的獎項）得主、贏得最佳跑衛
（running back）與國家美式足球聯盟（NFL）最佳球員的辛普森
（O.J. Simpson）被任命為 1990 年代無限廣播公司（Infinity
Broadcasting）最重要的**審計委員會**委員，這個職務需要忠實保護
投資人的利益。辛普森（或者坦率的說，大多數職業運動員）都
不太可能有必要的專業和經驗來熟悉錯綜複雜的資產負債表，更
不用說監督提交與揭露財報的流程了。投資人應該要堅持外部董
事會的會員要擁有必要的知識與經驗，而且只能在適合他技能的
委員會服務。

▍無法對關係人交易提出質疑

2008 年，印度資訊科技巨頭薩帝揚（Satyam）的高階經理人決定併購一家叫做梅塔斯（Maytas）的公司，這項交易需要董事會批准。即使執行長的兒子掌控目標併購的公司，董事會還是滿足並默認管理階層的要求。具體來說，薩帝揚的董事會批准投資 16 億美元，百分之百併購梅塔斯地產公司（Maytas Properties），以及梅塔斯基礎設施公司（Maytas Infrastructure）51％的股權（Maytas 這個字的字母剛好是 Satyam 倒過來，這是身為福爾摩斯的你發覺關係人交易性質的另一個線索）。

董事會本來應該要反對這筆併購，不只是因為目標併購的公司是由執行長的兒子所掌控，還因為這筆併購並沒有意義。任何一個薩帝揚公司的董事都應該疑惑，當這家公司的核心事業面臨經營壓力，而且很可能有更多資金用在避免競爭時，公司卻還計畫投資 16 億美元在關係人的房地產創投公司（肯定這並非公司的核心事業）。

在董事會同意這筆併購的同時，投資人譁然，公司第二天就停止併購。薩帝揚的執行長後來告訴主管機關，這筆交易最後是嘗試用薩帝揚的虛擬資產替換實體資產。當持反對意見的人可以推翻經營階層主導的共識時，這樣的董事會才會健康、有效能。薩帝揚顯然沒有做到這一點。

▌無法就不當的薪資計畫向管理階層提出質疑

設定適當的薪資完全是外部董事的責任，特別是那些在薪資委員會任職的董事。管理階層可能會提出一些難以接受的計畫，提供超乎合理的獎賞給高階經理人。舉例來說，在 1990 年代中期，組合國際電腦公司（Computer Associates）制定一項計畫，只要在 30 天內將股價保持在某個特定的價格之上，資深高階經理人之後就可以得到超過 10 億美元的額外股票獎勵。令人震驚的是，董事會還是通過這個非常奇怪而輕率的薪資計畫。

有時候，即使是周全的薪資計畫，如果推到極致，也會導致管理階層採取非常危險的行為，帶給投資人災難性的後果。以威朗製藥與資深經理人的績效紅利協議為例。用來決定股票紅利的主要因素是股價平均漲幅，稱為「整體股東利潤」（total shareholder return，或稱 TSR）。整體股東利潤愈高，這些高階經理人得到的額外股份愈多。隨著威朗製藥的年化報酬率超過60%，執行長麥可·皮爾森（Michael Pearson）的財富也增加到超乎任何人的想像，最高峰時超過 30 億美元。但是，當然，這導致難以置信的危險行為，使長期投資人的權益受損。

此外，除了僅基於股價上漲的誤導性股票薪資之外，公司的年度現金激勵計畫（cash incentive program, AIP）仍有很多不足之處。威朗製藥並未使用某些可靠、經過審計、以公認會計原則

為根據的結果來支付薪資，而是使用兩個非公認會計原則的指標：調整後盈餘和調整後營收，來支付薪資。（就像第 17 章顯示，威朗製藥調整後的盈餘嚴重誇大公司真正的業績表現。）

反思之後，產生一些重要的教訓：好事做得太多，可能會變成壞事。沒錯，按照業績來付薪資通常是件好事，**但前提是應用合理的指標，而且鼓勵謹慎的承擔風險**。威朗製藥的薪資計畫在兩個基本面的方法上存在無法彌補的缺陷：（1）它只是根據股價上漲和不可靠的非一般公認會計原則指標；以及（2）它為了極端的「整體股東利潤」成長而鼓勵輕率的管理行為，付出過高的薪資。

在評估外部董事時，投資人必須一直詢問他們偏好誰的利益，是管理階層的利益，還是投資人的利益。投資人應該一直質疑可能很容易被濫用、讓高階經理人的錢包不當膨脹的薪資計畫。

審計人員缺乏客觀性和獨立性

在保護投資人免受不誠實的管理階層和漠不關心或無效能的董事會影響上，獨立的審計人員扮演非常重要的作用。如果投資人曾經質疑獨立審計人員的能力或正直與否，接下來就會產生混亂。在安隆和世界通訊倒閉、安達信會計師事務所解散，以及金融市場崩解後，2002 年確實發生這樣的事情。

然而，審計人員可以是投資人的朋友，也可以是敵人。如果審計人員有能力、獨立，而且嚴謹的嗅出問題，就是朋友；如果審計人員沒有能力、懶散，或只是管理階層的「橡皮圖章」，那就是敵人。有時候，非常高的費用與多年來密切建立的人際關係會導致審計工作一團糟，給投資人帶來龐大的損失。這是評估審計人員屬於朋友或敵人要考量的關鍵因素。

▍ 關係太久、太緊密，無法重新看待全局

　　義大利乳製品巨頭帕瑪拉特（Parmalat）的詐欺與倒閉被稱為是「歐洲版的安隆」。儘管安隆與帕瑪拉特所身處的產業與會計造假的問題並不相同，但這兩家公司有一個明顯相似的地方，那就是獨立的審計人員沒有發現公司的詐欺行為。

　　在這個案例中，一個奇妙的事實是牽涉到帕瑪拉特將主要的簽證會計師從正大聯合會計師事務所（Grant Thornton）改為德勤會計師事務所（Deloitte & Touche）。的確，如果不是義大利的法律要求公司每隔 9 年要更換會計師，帕瑪拉特的騙局可能會持續更久。德勤在 1999 年取代正大的審計地位，也許是第一個仔細檢查特定境外帳戶的事務所，事實證明這些境外帳戶並不存在（當時許多境外帳戶仍是由正大審查，因為它們不受義大利法律約束）。結果，詐欺的境外公司曝光，包括帕瑪拉特在開曼群島

的子公司邦拉特（Bonlat），這只是隱藏假資產的其中一項主要工具。

跟帕瑪拉特一樣，因為會計師事務所與公司的管理階層有著長久而和諧的關係，使得日本最大的一項財務詐欺拖得很久都沒被檢測出來。化妝品與紡織品公司佳麗寶（Kanebo）給普華永道（PricewaterhouseCoopers）的成員審計**至少 30 年**。當公司以非常離譜的費用合併其中一個子公司時，據說審計人員建議管理階層減少在子公司的股權，並分拆公司。審計人員據稱也對不景氣時期以假造的銷售來填補營收數字的記錄視而不見。佳麗寶從 1996 年至 2004 年提報大約 20 億美元不存在的獲利。主管機關對於審計人員奸詐的行為非常惱火，馬上對他們提起訴訟，判處兩個月的停業。

▌不稱職的會計師可能會為管理階層的騙子服務

每個地區似乎都有自己的「安隆公司」。在印度，這家公司是 IT 顧問公司薩帝揚電腦服務公司（Satyam Computer Services），它因為涉嫌大規模的詐欺而在 2009 年贏得「印度安隆公司」的爭議稱號。諷刺的是，「薩帝揚」在梵文中的意思是「真相」。但是隨著執行長拉馬林佳・拉卓（Ramalinga Raju）承認公司多年來公然欺騙投資人，當他在選擇公司名稱時，他也許會有點困

惑。或許他確實計畫使用更為適當的梵文名字，阿薩帝揚
（Asatyam），意思是「謊言」。

普華永道自 1991 年以來一直擔任薩帝揚公司的審計人員，
但根據拉卓自己的供詞，普華永道沒有發現**虛報的現金和銀行結
餘金額應該超過 10 億美元**。有指控聲稱薩帝揚和審計的會計師
事務所共謀。根據在醜聞爆發後加入薩帝揚董事會一位成員的說
法，這些文件是「明顯的偽造品」，而且任何人都可以明顯看穿。

▊ 避免監理機關審查的管理方案

就像我們強調，資深管理階層間沒有制衡存在、外部董事缺
乏技能和保護投資人的欲望，而且當審計人員無法偵測到問題的
跡象時，舞弊往往會恣意繁殖。對投資人而言，另一到實質防線
則是監理機關的監理形式。在美國，美國證券交易委員會藉著要
求提出財報並檢視內容來監管公司。如果財報沒有達到標準，美
國證券交易委員會就會阻止證券發行，或是暫停未來的任何股票
交易。

多年來，儘管美國證券交易委員會在很大的程度上服務投資
人，但偶爾也無法發現嚴重的財報違法行為。就這點來說，應該
要批評它。而且，一些公司確實費盡心思要避免美國證券交易委
員會的審查和檢視。下一節會顯示出如何做到這一點，以及什麼

時候投資人應該要特別謹慎。

上市前缺乏監管審查

　　如果經理人真的想要避免美國證券交易委員會的稽核人員進行嚴格的審查，他們首先會藉著合併一家已經上市的公司，迴避首次公開發行（initial public offering, IPO）的正式註冊流程。這是走後門成為上市公司的方法，可以避開正常首次公開發行流程中典型的詳細審查。因此，投資人應該特別警惕那些使用「反向併購」（reverse merger）或「特殊目的併購公司」（spccial-purpose acquisition company）的合夥人，藉由併購一個空殼公司來避免美國證券交易委員會審查、並且立即成為上市公司的公司。

──────────── 展望未來 ────────────

　　現在你已經準備好開始學習四種財務舞弊了，包括操弄盈餘舞弊（PART2）、現金流舞弊（PART3）、關鍵指標舞弊（PART4），以及併購會計舞弊（PART5）。

　　操弄盈餘舞弊強調管理階層用來誇大或減少盈餘，並描繪出一個預期可獲利健康公司的舞弊手法。接下來會討論我們已經辨識出的七種操弄盈餘舞弊手法，因此請翻開下一頁繼續閱讀。

PART 2

操弄盈餘舞弊

投資人仰賴從公司那裡獲得的資訊來做出明智與合理的選股決策。這些資訊不論是好消息還是壞消息，都假定準確無誤。儘管大多數公司的高階經理人都會尊重投資人與他們的需求，不過一些沒有誠信的高階經理人還是會藉由竄改實際的公司業績表現和操弄公司公布的盈餘來傷害投資人。PART2 要詳細說明七種類型的操弄盈餘舞弊手法，並說明抱持懷疑的投資人能夠查出這些招數來避免損失的方法。

七種操弄盈餘舞弊手法

1. 提前認列營收（第三章）
2. 認列假營收（第四章）
3. 利用一次性或無法持續的活動來增加收入（第五章）
4. 把目前產生的費用移到後期（第六章）
5. 利用其他技巧來隱藏費用或損失（第七章）
6. 把當期收益移到後期（第八章）
7. 把未來的費用移到前期（第九章）

管理階層可能會使用各種技巧來讓投資人產生錯誤的印象，認為公司的表現比實際的經濟情況來得更好。我們將所有操弄盈餘的花招分成兩個主要的次類別：誇大當期的盈餘與未來的盈餘。

誇大當期盈餘

簡而言之，為了誇大當期盈餘，管理階層必須在當期認列更多營收或獲利，不然就是延遲認列費用。操弄盈餘舞弊手法 1、2、3 是把營收或一次性的獲利放入當期的業績，而操弄盈餘舞弊手法 4 和 5 則是延遲認列費用。

誇大未來盈餘

相反的，要誇大明天的經營狀況，管理階層只需要隱瞞今天的營收或收益，並促使明天的費用或損失放到當期。舞弊手法 6 描述不當隱瞞營收的技巧，而舞弊手法 7 促使費用不正確的更早認列。

藉由不當的認列營收或獲利，並在同一期排除應當認列的費用或損失，盈餘就可以**誇大**。當然，藉著不當的不去認列營收或獲利，並在同一期認列另一個時期的費用或損失，這樣盈餘就可以**短報**。當然，當收益放到以後，短報當期盈餘的計畫就會成功。

在操弄盈餘舞弊的七個手法中，前五個手法是誇大盈餘，最後兩個手法則是要用來降低獲利。對大多數的讀者來說，使用第 1 到第 5 種舞弊手法來誇大盈餘也許更合乎邏輯或更加直觀。畢

竟，公布更高的獲利往往會導致更高的股價與更高的高階經理人薪資。使用第 6 和第 7 種舞弊手法的邏輯也許不是很明顯，但是確實有其目的性。這些計畫有助於把盈餘從一個時期（擁有過多獲利）移到另一個時期（需要獲利的時期）。換句話說，管理階層也許只是試圖要讓盈餘的波動平緩，用來描繪出這是一個波動較小的事業。

第三章 操弄盈餘舞弊手法 1
提前認列營收

<blockquote>
一月大、二月小、三月大、四月小、五月大、六月小、七月
大；八月大、九月小、十月大、十一月小、十二月大

——陽曆的大小月口訣
</blockquote>

　　我們很多人很小就學會這個有用的口訣來幫忙記住每個月的
大小月。坦白說，成年後這首歌謠仍然能有效提醒我們。但是，
當我們了解二月不一定是 30 天或 31 天這種規則唯一的例外，已
經是人生更晚的時期了。事實上，對於希望能虛報營收的公司來
說，每個月都可以是例外。組合國際電腦公司已經成為這種耍弄
營收膨脹花招的典型代表。為了在傳統的月底納入預定的銷售，
這家公司會規律的把一個月擴增到 35 天。這個計畫有一陣子運

作得很好，或是說至少這個計謀被發現、而且執行長桑賈伊·庫瑪爾（Sanjay Kumar）被送進監牢以前是如此。

　　延長一個月的天數可能只是管理階層用來不正確的提前認列營收的一種創新技術。這章要描述各種管理階層試圖促使營收更早認列的方法，以及投資人可以怎麼發現這種違法行為的跡象。

▶ 提前認列營收的技巧

1. 在完成合約的重大義務前認列營收
2. 認列的營收遠遠超過合約上已經完成的工作
3. 在買方最後驗收產品前認列營收
4. 當買方還不確定或不應該付款時認列營收

---

1. 在完成合約的重大義務前認列營收

▎ 搭上科技浪潮的微觀策略公司

　　誰能忘記 1990 年代後期由網路驅動的兇猛多頭市場（那斯達克指數〔Nasdaq index〕在 1999 年上漲 94％），而且幾乎所有會計實務都可以用來推動很多科技公司快速成長？或許這個瘋狂時期的典範是總部位在維吉尼亞州的軟體銷售公司微觀策略公司（MicroStrategy, MSTR）。這家公司上市不到兩年，市值就達到

250 億美元，暴漲 60 倍。事實證明，微觀策略公司成長的主要動力是認列公司近期對各方投資所帶來的銷售。雖然無法確定這些交易是否實際上是假交易，但實際的模式已經引起嚴重的懷疑。除了這些可疑的銷售之外，微觀策略公司還催促消費者在季底之前簽定合約，公司認為簽訂合約是准許認列營收的關鍵事件。就像我們在後面討論的情況，只有當賺到錢時，也就是說，只有在服務已經完成之後，營收才可以認列。

活在夢中，而且是在惡夢中

想像在網路時代實現美國夢的方法：你和大學好友創辦一間軟體公司。在最初幾年，你日以繼夜的工作，但實際上沒有得到任何現金補償。相反的，你犒賞自己和珍貴的員工股票和股票選擇權。你開始與投資銀行家開會，計畫盼望已久的股票公開上市。然後事情發生了：銀行家成功把你的股份賣給大眾。你現在有最初的幾百萬美元，但是這只是開始。你的公司（現在是上市公司）股價開始大漲，你擠身為美國最有錢的人之一，而且時間是在 34 歲還沒有資格選總統的時候。媒體對待你就像是對待皇室成員一樣。

這是微觀策略公司創辦人麥可・賽勒（Michael Saylor）在現實生活中的夢想。微觀策略公司成立於 1989 年，在 1998 年上市，市值超過 2 億美元。令人難以置信的冒險之旅才剛開始。在

1999 年最後四個月，股價開始急速上漲，從 20 美元漲到超過 100 美元。在接下來 10 個星期，股價不可思議的飆升到 333 美元。麥可·賽勒的身價達到幾乎難以想像的 140 億美元。

接著，這個夢想演變成史詩般的惡夢。2000 年 3 月 20 日，微觀策略公司告訴投資人，公司財報有重大會計違規。1997 年至 1999 年的財報必須重編，導致大量損失，而不像之前的財報有獲利。震驚的投資人開始拋售股票，股價**單單一天**就下跌 140 美元（從 226 美元跌至 86 美元）。這只是開始。直到 12 個月後股價碰到 1.75 美元才觸底反彈。（股價在 2002 年持續下跌，當時公司宣布將 1 股分割成 10 股〔有效使股價推升 10 倍〕，才避免從證券交易所下市。）

導致企業崩壞的原因是什麼？

在 2000 年 3 月初，就在普華永道接下查核微觀策略公司 1999 年財報（包含計畫發行股票的募股說明書）工作之後那週，《富比士》（*Forbe*）報導這個故事，引發公司認列營收實務有問題的疑慮。

在《富比士》的報導出刊之後，普華永道隨後進行內部調查，並得出結論：公司受到查核的財報確實有假造和誤導投資人的情況。會計師迅速改變看法，這是很罕見的事情，導致股價急速重挫。

在奇特的新聞稿中發現警告訊號

1999 年 10 月 5 日，微觀策略公司在新聞稿宣布與安迅資訊公司（NCR Corporation）簽約。在那份新聞稿中，微觀策略公司提到一個價值 5250 萬美元的授權合約，以及與安迅資訊的合夥關係。根據這份合約，微觀策略公司出錢與安迅資訊公司合夥，而安迅資訊公司給予的回報是購買微觀策略公司的產品。當資金雙向流動，從賣方（微觀策略公司）流到客戶方（安迅資訊公司），然後從客戶方（安迅資訊公司）流向賣方（微觀策略公司）的時候，我們就稱這樣的交易是「迴力鏢」交易。就像是新聞稿提到：

根據合夥公司的條件，安迅資訊簽下價值 2750 萬美元的代工製造（original equipment manufacturer, OEM）協議，買進微觀策略公司的產品和個人資訊服務。此外，微觀策略公司選擇購買價值 1100 萬美元的安迅資訊天睿資料倉儲服務（NCR Teradata Warehouse），為 Strategy.com 網路提供動力。

代工製造協議還有一部分是安迅資訊會成為 Strategy.com 主要的成員。安迅資訊身為會員，會加入這個銷售 Strategy.com 的聯盟網路，而且銷售微觀策略公司的產品和服務。而這個協議有一部分是微觀策略公司會提供安迅資訊未來的線上分析處理技術（OLAP technology）。微觀策略公司同意以價值 1400 萬美元的股

票，購買安迅公司的 TeraCube 事業和相關的智慧財產。

然後，就在 1999 年 12 月為止的季底結束之後，在 2000 年 1 月 6 日，微觀策略公司發出另一篇新聞稿，其中還包括可疑的「迴力鏢」付款計畫，可能會在前一期產生營收。

根據協議的條款，交換應用程式公司（Exchange Applications）會藉由現金和交換應用程式公司的股票付給微觀策略公司 3000 萬美元的期初費用，微觀策略公司會將其中約三分之一的金額在 1999 年第四季認列為營收。此外，微觀策略公司可以在兩、三年內從未來的數位客戶關係管理應用程式中額外賺到 3500 萬美元。作為協議的一部分，交換應用程式公司會成為 Strategy. com 主要的成員。身為主要的成員，交換應用程式公司會加入這個網路，銷售 Strategy.com 的聯盟網路，而且銷售微觀策略公司的產品和服務。

對投資人的關鍵教訓

從微觀策略公司的故事可以總結出兩個重要的教訓：（1）買賣雙方的資金往來會讓人懷疑這兩種交易的合法性，以及（2）新聞稿發布新銷售的時機點（剛好在某個期間剛結束的時候）讓人起疑，應該引起營收是否提早認列的疑問。確實，就像我們從其他來源獲得的訊息，微觀策略公司經常趕在**某個期間剛結束前**

簽下銷售合約並註明日期，目的是更早加速認列營收。我們認為，從會計的角度來看，這樣的努力都是徒勞，因為營收應該在賺到的時候認列，而不是在簽約時認列。

▌ 日期遊戲

想像如果你能在賽馬比賽**結束後**下注的話會是什麼情況？這聽起來很荒謬；因為你已經事先知道結果，自然你會一直贏。沒錯，這個方法使我們想起處於「虧損」狀態的公司，也就是說，無法達到華爾街預期的公司，那些在季底延長截止日期（像是組合國際電腦公司的一個月是 35 天）來確保達到期望銷售與獲利數字**後**才結算帳目的公司，始終會是贏家。

提防延長季底結算日期的公司

組合國際電腦公司並不是唯一一個藉由讓帳目持續開放超過季底截止規定、不當誇大營收的公司。在 1990 年代中期，艾爾・鄧勒普和他在夏繽公司的僕從將公司的季底日期從 3 月 29 日改成 3 月 31 日，以彌補營收的不足。這額外兩天在核心業務上又多認列 500 萬美元的銷售，而且從最近併購的柯爾曼公司（Coleman Corporation）多認列 1500 萬美元的銷售。

總部位於聖地牙哥的軟體製造商 Peregrine 系統公司

（Peregrine Systems）不讓組合國際電腦公司和夏繽公司專美於前，它也定期讓帳目開放到官方季底之後。這家公司中是如此普遍的採用這樣的做法，使得經理人開這個策略的玩笑，說這些較晚的交易已經在「12 月 37 日」完成。

改變會計政策來保持連勝記錄

就像前面的討論，當資深經理人想要誇大驚人的連勝業績時，就更有可能使用財務舞弊手法來保持這個連勝記錄。

以深受歡迎的咖啡銷售商綠山咖啡（Keurig Green Mountain）為例，它試圖要對投資人隱瞞營收成長正在減緩的情況，因此公司異想天開的改變營收開始認列的**時間**，以及損益表上歸類大額折扣的**地方**。綠山咖啡在 2005-2008 年的成長非常快速，執行長勞倫斯·布蘭福德（Lawrence J. Blanford）很自豪有這樣的成就，經常在公布業績時向投資人誇耀：

今天很高興再次分享如此讓人讚許的成績。2007 年是獲利強勁的一年，淨銷售與盈餘比前一年增加 52%。這是綠山咖啡連續 20 季出現兩位數字的淨銷售成長，也是連續 8 季成長超過 25%。

我們都知道，任何數字長時間以超過 25% 的速度複合式成長都會變成很大的數字。以銷售成長來說，要維持這種上升趨勢幾乎是不可能的事。因此，綠山咖啡不是宣告連續成長結束，就是

找方法來呈現出這樣的連續成長還在持續，這只是時間問題而已。不幸的是，綠山咖啡選擇後者。閱讀公司 2007 和 2008 會計年度的財報後，我們發現管理階層在 2008 年做出兩項微妙（但很重要）的會計政策改變，藉此誇大營收。首先，公司開始在銷售過程中更早認列一些營收，改在發貨時認列，而不是在交貨時認列；第二，公司開始將提供給客戶的誘因或「折扣」視為營業費用，而不是從銷售金額中扣除。

> ▶ 綠山咖啡的附注描述公司的營收認列政策

> 2007 年年報　批發銷售和消費者直接銷售的營收是在交付產品時認列。此外，公司的客戶可以得到特定的**獎勵**，這些獎勵會在合併損益表上**從銷售金額中扣除**。
>
> 2008 年年報　批發銷售和消費者直接銷售的營收是**在交付產品時認列，而且有些情況是在發貨時認列**。此外，公司的客戶可以得到特定的**獎勵**，這些獎勵會在合併損益表上從**銷售金額扣除，或是認列在營業費用與銷售費用中**。

2. 認列的營收遠超過合約上已經完成的工作

　　前面我們說明公司如何不當的在賣方甚至還沒有明顯的活動前就不當的認列營收。接下來，我們來討論當賣方開始履行合約時的營收認列；不過，管理階層認列的營收遠遠超過完成合約的

數字。

▎改變營收認列政策來更快認列營收（與更高的金額）

就跟綠山咖啡一樣，公司也能改變正進行計畫的營收認列政策，來誇大銷售與營業淨利。以日本製造商真空技術集團（Ulvac）的情況來說，當時公司的業務陷入嚴重的困境，管理階層考慮透過改變會計政策的方法來「解決」問題。

留意公司改變營收認列政策來隱藏失敗的業務

當你的事業正在瓦解，而且你希望對投資人隱瞞這件事的時候，你會怎麼做？2010 年，真空技術集團發現一個非常聰明的解決方法，但這涉及一種難以容忍的財務舞弊。表 3-1 顯示 2008 年、2009 年、2010 年 6 月底會計年度結束時經過審計後的真空技術集團財報。

表 3-1　日本真空技術集團 2008-2010 年的財報

（百萬日圓）	2008 年會計年度	2009 年會計年度	增減比例	2009 年會計年度	2010 年會計年度	增減比例
銷售金額	241,212	223,825	**-7%**	223,825	221,804	-1%
營業淨利	9,081	3,483	**-62%**	3,483	4,809	38%

在經歷不穩定的 2009 年之後（銷售金額驟降 7%，而且營業

淨利下降 62%），2010 年看起來似乎是成功的轉型期（銷售金額只**衰退** 1%，營業淨利成長驚人的跳升 38%）。顯然，在營收沒有成長的時期，公司在管理成本上做得很好。但問題是，2010 年的財報結果給人很深的誤解。具體來說，真空技術集團才剛將營收的認列方式改為完工比例法（percentage-of-completion, POC），結果比傳統的方法更早將銷售金額認列到帳上。表 3-2 顯示真空技術集團在沒有改變營收認列政策時的財報結果。這是讓投資人警醒與震驚的結果。

請注意右側 2010 年「調整比例」的欄目，與表 3.1 顯示的變化進行比較，也就是與銷售金額下降 1% 來比較。銷售金額在 2010 年根本沒有穩定下來，在前一年下降 7% 之後，銷售金額在這一年大幅下降 21%，完全讓投資人嚇壞。因此，為了避免投資人失望，真空技術集團的管理階層找到一種解決方法，而審計人員也莫名其妙的批准了，因此公司更改營收的認列政策，對投資人隱瞞這個大問題。

表 3-2　日本真空技術集團 2009-2010 年的財報，
假設沒有改變會計認列方式

（百萬日圓）	2009 年 6 月的財報	2010 年 6 月的財報	會計調整	2010 年 6 月調整後的財報	調整比例
銷售金額	223,825	221,804	(44,037)	177,767	-21%
營業利益	3,483	4,809	(12,033)	(7,224)	NM

使用完工比例法時，改變估計與假設

當一家公司從標準營收認列法實務轉換為更積極的完工比例法時，真空技術集團提供一個營收急遽成長的財報例證。投資人也應該要小心只為了要改變一些關鍵估計或假設而使用完工比例法的公司，因為這些行為也可能會實質誇大營收。

以太陽能產業領導廠商第一太陽能公司（First Solar, FSLR）為例，公司變更會計政策，藉此向投資人隱瞞公司業務衰退的情況。2014 年，第一太陽能公司正在美國興建一些大型的太陽能電廠。因為是長期的興建計畫，第一太陽能公司使用完工比例法，藉著計算計畫產生的成本占預期總成本的比例，來確定每個計畫的完工進度。按照這種方法，公司對於計算總成本的任何改變都會立即對財報造成影響，因為這會增加或減少完工進度的估計。

會計錦囊 **完工比例法的背景**

完工比例法的營收認列方式甚至允許公司在計畫完成之前就認列營收。採用這個方法，從事長期建築類型合約的公司就可以在每一期認列業務收入，即使產品還沒有交給客戶。在這個架構下，公司被預期會估計計畫的完工比例，並按計畫的總營收、費用和獲利來按比例認列。分析使用完工比例法會計的公司時，投資人應該要格外謹慎，因為財報的結果取決於公司對完工進度的估計。

精明的投資人可以藉由閱讀第一太陽能公司 2014 年的財報附注來了解估計不斷的改變。當公司在 2014 年更新對計畫總成本的估計時，只是在內部的試算表上點一下滑鼠，管理階層馬上就多認列 4000 萬美元的銷售金額（在 2013 年增加 8500 萬美元之後）。此外，因為這筆意外的營收沒有帶來額外的成本，所以毛利和營業利益以同樣的數量增加。

完工比例法會計提供管理階層以不尋常的自由度、有能力提前認列營收，而銷售企業軟體的組合國際電腦公司則是更進一步，提前認列多年後的授權金收入，實際上到了未來多年後時，並不會真的賺到這些權利金。

注意預先認列長期授權金的公司

組合國際電腦公司出售長期授權，允許客戶使用公司主機的電腦軟體。客戶為了這個軟體支付預定的授權金，以及接下來幾年續訂的年費。儘管這些合約有長期性（有些合約會持續到 7 年之久），但是公司會馬上認列全部合約中所有授權金營收的現值。因為所有授權金營收都是從合約一開始記在帳上，而且在很多年之後都沒有收到現金，因此組合國際電腦公司在資產負債表上記錄大量的長期營收帳款。

▌監理機關也強力反對這種做法

美國證券交易委員會指控，從 1998 年 1 月至 2000 年 10 月，組合國際電腦公司至少從 363 個客戶的軟體合約中提前認列**超過 33 億美元**的營收。

組合國際電腦公司龐大的長期應收帳款應該讓投資人警覺到公司積極的營收認列方式。仔細檢查會讓投資人留意公司早在 1998 年 9 月就出現長期應收帳款和總應收帳款激增的現象。投資人應該使用一種叫做「應收帳款週轉天數」（days' sales outstanding, DSO）的衡量方法，來評估相較於營收認列速度的客戶付款速度。應收帳款週轉天數愈高，除了只是現金管理不佳之外，可能也意味著營收認列過於積極。隨著公司長期的分期應收帳款在 1998 年 9 月飆高，公司的分期應收帳款週轉天數（基於產品營收）也達到 247 天，比去年同期增加 20 天。此外，應收帳款總額（包含長期和短期的應收帳款）的週轉天數增加到 342 天，一下增加 31 天。

3. 在買方最後驗收產品前認列營收

在本章的前兩節中，我們主要介紹在合約規定下賣方履行義務的情況。在下面兩節，我們把焦點轉向買方。這節處理在買方

最後驗收產品前產生營收的三種詭計，特別是在（1）將產品運送給買方前，與（2）運送產品給非買方的人之後，以及（3）發貨後，但買方仍然可以退貨等三種情況下認列營收。

▌ 賣方在發貨前認列營收

一種有問題，而且往往會引發爭議的營收認列方法是所謂的「開帳單並代管安排」（bill-and-hold arrangements）。透過這個方法，賣方開帳單給客戶並認列營收，但持續保有產品。對大多數的銷售來說，需要把產品交給客戶時才會認列營收。但在某些情況下，如果客戶要求做出這種安排，而且客戶是主要受益者，那麼會計準則允許把「開帳單並代管安排」交易認列為營收。例如，如果買方並沒有足夠的存放空間，他也許會禮貌性的要求賣方保留已經購買的貨品。在「開帳單並代管安排」下，如果是賣方為了自身利益發起的安排，那麼在任何情況下都不能提前認列營收（也就是說，不能更早認列營收）。

留意賣方發起的「開帳單並代管安排」

如果看起來是賣方發起「開帳單並代管」交易，那麼投資人應該假設賣方試圖提前認列營收。舉例來說，夏繽公司的執行長艾爾・鄧勒普就使用開帳單並代管策略，藉由人為誇大公司營

收，使得財報表現看起來比真實情況還好。

夏繽公司在「轉型年」想要誇大銷量，希望說服零售商在有需求的近 6 個月前買進烤肉架。為了換取大量的折扣和更長期的付款條件，零售商同意購買產品，但直到 6 個月後才收到實際的商品，這些貨物會從密蘇里州的烤肉架工廠送到由夏繽公司租用的第三方倉庫，在客戶需要這些商品以前，都會放在那裡。

此外，夏繽公司從價值 3500 萬美元的所有開帳單並代管交易中認列銷售金額與獲利。外部審計人員後來檢查文件時，撤回其中的 2900 萬美元，改認列到未來幾季上。安達信會計師事務所質疑某些交易的會計處理方式。但是幾乎每個情況都做出結論認為，這些金額對於整個審計過程而言「並不重要」。要偵測到積極的會計手法跡象有時幾乎是不可能做到的事。不過以夏繽公司的案例來說，只需要閱讀公司年報的認列營收附注即可以完成。

> **▶ 夏繽公司在年報揭露的故事**
>
> 本公司主要是在發貨給客戶時認列產品銷售的營收。在特定情況下，公司可以在產品已經生產完成、包裝並準備好運送的情況下，應客戶要求，以開帳單並代管為主來銷售季節性商品，這樣的產品已經離開公司，而且所有權與法定所有權的風險都移交給客戶。截至 1997 年 12 月 29 日為止，這種開帳單並代管的銷售金額已經接近合併營收的 3%。

最後，當董事會了解到鄧勒普並沒有採取任何措施來改善公司的財務狀況，而且只是使用不當的財務工程來推動股價上漲時，就把鄧勒普解僱了，

▌ 賣方在運送產品給不是客戶的人之後認列營收

審計人員通常會把出貨記錄視為賣方交付產品給客戶的證據，因而可以認列營收。管理階層可能會試圖欺騙審計人員（與投資人），藉著將產品運送給不是客戶的人，讓他們相信銷售已經產生。就以 Krispy Kreme 甜甜圈店為例。

Krispy Kreme 的部分營收來自銷售甜甜圈製造設備給加盟商。將機器運送給加盟商時認列營收當然是很適當的做法，當然，前提是加盟商收到機器。在 2003 年，Krispy Kreme 假裝把機器出貨給加盟商，想盡辦法欺騙審計人員。公司把設備運走，卻送到加盟商無法進入的公司拖車裡。即使客戶無法擁有運送到的機器，Krispy Kreme 仍然認列營收。

留意出貨給中間商、而非實際客戶的公司

有時候，賣方會在交易全部完成前將產品出貨給經銷商。Autonomy 在被惠普併購前是英國最大的軟體公司之一。為了擠出營收，公司與最終使用者協商先預定銷售的軟體（但還沒有完

成交易），並把產品轉給經銷商，因此經銷商會立即擁有產品，而且會持有產品，直到交給最終使用者。為了換取經銷商「居中交易」，並讓 Autonomy 可以**馬上認列營收**，Autonomy 支付高達10％的佣金（類似賄賂），即使經銷商實際上在基本的銷售流程中沒有任何作用，甚至往往沒有任何交易狀態的相關資訊。

小心寄售安排

另一個在發貨前提前認列營收的技巧與寄售安排有關。在這樣的銷售下，產品被運送到稱為「受託人」的中間人。可以把受託人視為外部的銷售員，他們的任務是找到買家。正常情況下，在銷售員與最終客戶交易完成之前，製造商（稱為「寄售人」）不應該認列任何營收。毫無疑問，艾爾‧鄧勒普和他在夏繽公司的部屬忽略這個標準，在還沒有找到最終使用者之前就認列3600萬美元的寄售金額。

誰是實際客戶，是批發商還是最終使用者？

藉由批發網絡銷售產品的公司必須決定，是在出貨給批發商（「批發」法，"sell-in" approach）時認列營收，還是在之後批發商將產品出貨給實際的使用者（「銷售流通」法 "sell-through" approach）時才認列營收。雖然這兩種方法都被廣泛使用，但是銷售流通法被認為更為保守，因為會使財報上的營收與最終客戶

的需求更為一致。更加積極（與最讓人擔憂）的是，當一家公司從比較保守的銷售流通法改為批發法的時候，這無疑會誇大銷售金額。在 2012 年 12 月威朗製藥併購梅迪奇製藥公司（Medicis）之後，不久就在梅迪奇製藥公司上看到這種改變的例子。

在併購完成後，威朗製藥在第一季巧妙的改變新併購的梅迪奇製藥現有的營收認列政策，因此，營收更快得到認列，而且公司成長變得更快。梅迪奇製藥透過經銷商麥卡森公司（McKesson）賣出產品，經銷商接著把產品賣給醫師。梅迪奇製藥過去都是用更為保守的銷售流通法，在經銷商將產品賣給醫師前不計入營收。為了在交易完成後在梅迪奇製藥中擠出營收，威朗製藥要梅迪奇製藥馬上轉換成批發法，更早開始認列營收，在產品送到經銷商時就認列。營收認列方法的大膽改變引起精明的投資人注意，最終也引起美國證券交易委員會注意，以正式的信函譴責公司。

在威朗製藥的併購史中，並非只有梅迪奇製藥有進行營收舞弊。2015 年初威朗製藥併購的希利斯製藥（Salix）在與經銷商交易時，也進行一連串更糟糕的舞弊。在 2013 年第四季和 2014 年前三季，公司積極「塞貨到通路」，這意味著公司運送給經銷商的商品比經銷商賣給客戶的商品還多很多。而且藉著使用批發法，希利斯製藥確實在誇大營收。當 2014 年底被偵測出這個計畫時，希利斯製藥被迫重編先前公布的財報，拉低近四季的營收和獲利。

因為這些詳細資訊已經在 2014 年底詳細揭露，我們完全不知道為何威朗製藥仍然要完成併購案（PART5 有更多介紹）。

▍賣方認列營收，但是買方仍然可以拒絕這筆交易

本節最後一部分討論的是即使產品已經出貨並交給客戶，營收也算是提前認列。這會發生在（1）客戶收到錯誤的產品，（2）客戶收到正確的產品，但收到的時間太早，或是（3）客戶在正確的時間收到正確的產品，但仍有權利拒絕這筆交易。當買家收到產品，但仍可以拒絕這筆交易時，那賣方就必須等到客戶接受交易之後才能認列營收，或是認列營收，但為預期的報酬認列準備金。

小心賣家故意運送不正確或不完整的產品

有時公司計畫藉著故意運送錯誤的產品並認列相關的營收來誇大營收數字，儘管他們肯定知道這個產品會被退回。據說符號科技公司為了在財報上呈現更高的營收，未經客戶批准就運送不正確的商品給顧客。同樣的，在 1996 年第四季底，英孚美公司（Informix）先認列銷售軟體程式的營收，但無法在年底前交出需要的軟體程式碼。後來在 1997 年 1 月才交出軟體的測試版，但這個軟體卻無法在硬體上正常運作。因此公司又花了 6 個月才提

供可用的軟體程式碼。後來發現英孚美公司早在 1996 年第四季就認列這筆營收，而不是在 1997 年第三季履行交付產品義務時才認列營收。

留意賣方在約定出貨日期前出貨

在會計年度結束、而且獲利正在下降時，公司可以做些什麼？為什麼不簡單的開始把商品運送出去並認列營收，藉此誇大銷售和獲利呢？趕著在年底把商品從倉庫送到客戶手上（即使在銷售成功前）並認列營收。由於使用這個方法，營收是在產品運送到零售商或批發商時認列，有些製造商也許會試著在成長緩慢的期間持續出貨，即使零售商的貨架上已經有太多存貨。汽車製造商多年來都這樣做，藉此人為增加銷售量。藉著在季底出貨，而非在下一季客戶希望收到產品的時候出貨，賣方可以提前認列營收。應收帳款週轉天數的增加往往是一項指標，說明季底的出貨比平時還多。

即使公司出貨給真正的客戶，而且客戶收到這些產品，公司仍然不被允許認列營收。最後的小問題涉及到很多合約都給顧客退貨的權利，可以在一定的期限內退貨。

留意賣方在退貨權利失效前認列營收

如果客戶對商品不滿意，很多企業允許買方享有「退貨

權」。在這些情況下，公司必須延緩營收的認列，直到退貨權失效，或是估計預期的退貨數量與減少的營收。如果退貨的水準比公司最初的預期還高，公司也許會因為提前認列太多營收而犯錯。

4. 當買方還不確定或不應該付款時認列營收

繼續把焦點放在買方，我們把注意力轉向與客戶付款有關的營收認列要求。如果買方缺乏付款能力（仍不確定會付款），或是賣方為了積極增加銷售量，直到銷售之後很久才要求客戶付款（仍沒有必要付款），賣方也許可以因此加速營收認列。

▌ 買方缺乏付款能力或必要的付款批准

前面我們討論賣方完成義務與買方傳達最終接受產品的要求。這些情況在麻州劍橋市的電腦系統製造商肯達爾廣場研究公司（Kendall Square Research Corporation）身上都發生了：產品已經出貨，而且客戶也接受了。最後的問題是客戶是否有足夠資金和付款意向。肯達爾廣場的許多客戶（主要是大學和研究機構）都需要第三方提供資金。實際上，銷售要視收到的外部資金而定，因此，在設法獲得這類資金之前不該認列營收。肯達爾廣場

公司一定意識到這些意外事件，因此後來透露公司提供客戶一項附加協議（side letter），如果客戶沒有收到資金，這項協議實際上會使銷售無效。

有個股東指控，肯達爾廣場在 1993 年第一季季報的營收有將近一半被不當的認列。這些營收大多數是在克羅拉多大學（University of Colorado）和麻州應用電腦系統研究所（the Applied Computer Systems Institute of Massachusetts）還沒有收到足夠資金時出貨給他們。公司最終重編 1992 年會計年度和 1993 年第一季的財報，已經認列的營收有將近一半被取消。

留意改變客戶付款能力評估的公司

管理階層對客戶付款能力的評估，會決定用來計算無法回收應收帳款的估計數量。這些評估改變也許會誇大公司非經常性的營收。以軟體公司在 2005 年 12 月做出的營收認列政策改變為例。

奧維系統公司最初會等到收到現金，然後才認列任何「賴帳」客戶的營收，因為公司害怕可能會收不到錢。在新政策下，公司可以很簡單的得出結論，認為客戶不再會賴帳，因此可以立即認列營收。

注意到管理階層這種認列營收微妙變化的投資人會意識到，奧維系統公司的業務成長實際上比財報提到的還來得慢。公司在會計政策上的改變確實反映其絕望的情緒。營收成長在接下來幾

年急速放緩，而且股價在 2006 年 3 月截止那季大多是在 20 美元以上，7 月暴跌到 6 美元。檢視公司 2015 年 12 月年報的勤奮投資人很容易從附注中注意到營收認列的改變，就像下面 BOX 顯示的情況。然而，只仰賴公司每季的獲利報告和電話會議的投資人也許會錯過這個機會，因為這些地方揭露的資訊並沒有提到這項會計政策的變更。

> ▶ **奧維系統公司在 2005 年 12 月年報揭露的營收認列改變**
>
> 2005 年 12 月 31 日季底，公司**修訂與延遲認列營收決定因素有關的政策**，這是對不太可能收到的帳款所做的安排。在 2005 年 12 月 31 日季底前，公司繼續對原先被認為不太可能收到帳款的合約安排延遲認列營收，直到從這項安排收到現金為止。2005 年 12 月 31 日季底，公司**改變政策，將先前認為可能無法收到帳款的合約安排（認為之後可能會收到帳款）在可回收帳款評估變更期間認列營收**，而不是在收到現金時、已經滿足所有營收認列標準的時候認列營收。這項政策的改變對 2005 年 12 月 31 日季底沒有重大的影響。

▌賣方為了達成銷售，允許以極長的時間付款

一些缺少現金的客戶沒有從第三方機構融資，而是使用賣方提供的融資。投資人應該謹慎看待賣方提供的融資安排（包括非

常大方的延長付款條件），因為這可能顯示出當期的營收加速、客戶對於產品的興趣不高，或是買方缺乏付款能力。

留意賣方提供的融資

近年來，為了使營收加速，很多高科技公司會借錢給客戶，讓他們能夠買進自家的產品。持平的說，客戶融資可以被視為是一種可靠的銷售技巧，但是如果這種做法遭到濫用，可能會是危險的經商方式。當網路泡沫破滅時，電信設備供應商向客戶提供的融資金額應該會讓投資人緊張焦慮。到 2000 年底，這些供應商被客戶拖欠的債務總計高達 150 億美元，一年增加 25％。

留意提供延長付款或彈性付款條件的公司

有時公司會提供優惠的付款條件，誘使客戶比正常更早的時間買進額外的產品。雖然提供客戶優惠的付款條件可能是完全正當的商業實務，但也可能對應收帳款最終的回收增加一定程度的不確定性。此外，即使放寬條件給信譽良好的客戶，過分大方的條件也許會將原先規劃在未來的銷售，有效的變成當前的銷售。這種改變會使短期營收無法持續的高成長，並在後期創造出填補業績的壓力。

留意公開延長付款條件，而且應收帳款週轉天數跳升發出的警訊

當一家公司開始放寬非常大方的付款條件，而且應收帳款週轉天數跳升時，投資人應該特別關注加速（甚至特別不適當）的營收認列，就像表 3.3 顯示的情況。舉例來說，建材原料供應商翠克斯公司（Trex Company）在 2004 年底和 2005 年初根據所謂的「提前購買計畫」（early buy program），提供延長付款條件給客戶。隨著需求下降，翠克斯似乎誘使客戶（在沒有付款的情況下）比正常情況更早接受產品。這種安排對買方的總購買量影響最小，但是讓翠克斯公司可以提早認列營收。精明的分析師推測公司必須延長付款條件，避免財報中的銷售成長數字令人失望。幾個月之後，翠克斯公司 2005 年 6 月宣布營收會大大低於華爾街的預期。翠克斯公司的應收帳款激增，加上公司公開延長付款條件和提前購買計畫，應該已經警告投資人公司即將出現銷售成長放緩的現象。

表 3-3　翠克斯延長付款期限，導致應收帳快飆升

（千美元，但以天數計算的除外）	2003/3 第一季	2004/3 第一季	2005/3 第一季	2003/6 第二季	2004/6 第二季	2003/9 第三季	2004/9 第三季	2003/12 第四季	2004/12 第四季
應收帳款	13,900	31,900	68,800	21,900	31,200	13,100	12,800	5,800	22,000
營收	68,700	76,300	89,900	59,200	83,400	41,200	64,400	21,900	29,600
應收帳款週轉天數	18	38	**70**	34	34	29	18	24	**68**

最近，投資總部位於舊金山的 Fitbit 投資人很震驚，因為管理階層在 2016 年 11 月的電話會議中突然把公司未來的銷售成長

預估大幅降低 15%。從某個角度來說，2015 年第四季的銷售成長 92%，而現在 2016 年第四季的銷售成長預估只有 2%到 5%。啊！

　　管理階層這樣的宣告顯示新健身追蹤產品與地域擴張所推動的高度成長期結束。但是否沒有警告投資人業務真的開始陷入困境？確實，在第二季法說會上可以發現業務疲軟的跡象（被財務舞弊掩蓋了）。財務長提到：「因為前面提到的通路存貨水準，（Fitbit 剛剛給）亞洲（亞太）某些客戶**延長付款條件**」。在這具令人費解的句子中，管理階層警告在亞洲遇到嚴峻的商業挑戰，藉著提供給經銷商更多時間付款來掩蓋問題。當管理階層掩蓋問題時，這種欺瞞行為往往只有在很短的時間發揮作用，這是常有的事情。可以肯定的是，到了 2016 年 12 月，當 Fitbit 的股價大跌 50%時，毫無戒心的投資人大為震驚。

───────────── 展望未來 ─────────────

　　這章介紹的是與主要合法營收來源有關的會計舞弊，第四章要說明一個更為陰險的違規行為：認列假造或虛擬的營收。

第四章　操弄盈餘舞弊手法 2
認列假營收

上一章討論公司提早認列營收的情況。儘管這樣做顯然並不適當，但加速合法認列營收並沒有比只是憑空創造營收來得大膽。這章要介紹四個公司可以用來創造營收的技術，並提供投資人警告訊號來發現這些邪惡的舞弊。

> ► 認列假營收的技術
> 1. 從缺乏經濟實質性的交易中認列營收
> 2. 從缺乏公平合理過程的交易中認列營收
> 3. 從無法產生營收交易的款項認列營收
> 4. 從適當但虛報金額的交易中認列營收

1. 從缺乏經濟實質性的交易中認列營收

我們討論的第一個技術只是簡單設想的一個計畫,這個計畫有合法銷售的「外觀和感覺」,但缺乏經濟實質性。在這些交易中,所謂的客戶沒有義務保留或購買產品,甚至一開始並沒有移交任何產品或服務。

在約翰·藍儂(John Lennon)1971年出色的歌曲中,挑戰我們對一個完美世界的「想像」。毫無疑問,想像力可以幫助世界變得更加美好,因為人們的創造力已經突破局限,引發無數創新。舉例來說,想像力使有天分的科學家可以診斷未知的疾病,並找到治療疾病的方法。同樣的,科技先驅(像是比爾蓋茲或賈伯斯)想像出令人驚奇的方法來創造新產品,像是微軟的windows作業系統和蘋果的iPhone,增進我們的生活樂趣。

但有時候想像力會瘋狂亂竄。很多公司的高階經理人利用太多創造力在財報的營收上時,就會賦予想像力壞名聲。舉例來說,保險業領導者美國國際集團(AIG)想像對客戶(和自己)而言,一個完美的世界總是會讓他們達到華爾街的獲利預估。想像一下,美國國際集團必定考慮過,如果客戶永遠不必經歷伴隨著獲利下滑帶來的侮辱(和股價下跌),他們會多高興。

美國國際集團和其他保險公司開始銷售一種稱為「限額保險」(finite insurance)的新產品。這個解決方案藉由「預防」收

益下滑來保證客戶總是有能力可以產生收益。從某個意義來說，這個產品是一種會讓人上癮的藥物，它使公司可以藉由人為的減少收益波動來掩蓋季節性的下滑。

毫不意外，客戶上鉤了。每個人都很開心。美國國際集團找到一種新營收來源，而且客戶找到一個防止營收下滑的方法。然而，這存在一個大問題：這些「保險」合約並不是合法的保險安排，而是複雜而高度結構化的融資交易。

▌限額保險是如何濫用的？

讓我們轉到總部在印第安納州的無線設備公司布萊特波音特公司（Brightpoint Inc），看看一些限額保險交易在經濟上有多少融資安排。1998年底，多頭市場正在加速奔馳，但是布萊特波音特公司碰到一個問題：12月底的當季收益低於華爾街在季初預估的1500萬美元。在那一季結束時，管理階層擔心投資人對這個消息毫無準備，公司的股價會因此重創。

這時美國國際集團和它的「完美世界」產品上場。美國國際集團創造一項1500萬美元「可溯及既往」的特殊保單，可以「彌補」布萊特波音特公司沒有提報的虧損。這份保單的運作方式是這樣的：布萊特波音特公司同意未來三年付「保費」給美國國際集團，美國國際集團則在這份保單的規定下，同意支付1500萬

美元的「保險理賠金」來彌補任何損失。這聽起來是很正常的保單，除了一個大問題：風險沒有轉移，因為保單涵蓋已經發生的損失。在房屋燒毀時，你不可能為房子保險。

布萊特波音特公司繼續將 1500 萬美元的「保險理賠金」視為 12 月季底的所得（扣除未提報的虧損）。美國國際集團未來 3 年以保險費認列假營收。從經濟學的概念來看，這筆交易不是保險契約，因為沒有轉移實質的風險。實際上，這筆交易無非是一項融資安排：布萊特波音特公司在美國國際集團那裡存入現金，美國國際集團最後以所謂的「保險理賠金」來歸還這筆錢。

會計錦囊 合法的保險契約要求要移轉風險

只是因為兩方將合約稱為保險契約，並不意味著他們可以在財報中如此認列。如果要被視為是出於會計目的的保險契約，契約安排就必須設及**將風險**從被保險人**轉移至**保險公司。如果沒有轉移風險，一般公認會計原則就會把這項契約安排視為是融資交易，將支付的保費視為銀行存款，保險理賠金也視為返還的本金。

▌監理機關把這項計畫視為騙局

布萊特波音特公司因為不當的掩蓋損失問題而違反美國證券交易委員會的規定。美國國際集團發現美國證券交易委員會逮到

它故意設計的這份保險契約，來讓布萊特波音特公司錯誤的把實際損失說成「保險損失」。2004 年 11 月，美國國際集團同意支付 1.26 億美元與司法部和美國證券交易委員會和解，他們指控美國國際集團銷售的商品藉由使用限額保險來幫助公司提高收益。

▌ 以缺乏經濟實質性的銷售來欺騙投資人

會從缺乏任何經濟實質性的交易來產生假營收的不只有保險公司。顯然很多科技公司都知道如何輕易的利用這種舞弊。舉例來說，以位於聖地牙哥的 Peregrin 系統公司（Peregrine Systems）為例，這家公司因為涉及認列假營收的大型詐欺計畫而破產。

美國證券交易委員會指控 Peregrine 從對經銷商無約束力的銷售軟體授權中不當認列數百萬美元的營收。這家公司顯然透過談判達成祕密協議，放棄經銷商付款給 Peregrine 的義務，這意味著公司不應該認列營收。Peregrine 的員工為這個計畫取了一個好名字：「停放」交易。快要完成的銷售往往會「停放」在這裡，藉此幫助 Peregrine 達到營收預估。Peregrine 還從事其他欺騙做法，還創造假營收，包括進行互惠交易：公司實際上**付錢給客戶**來購買自家的軟體。2003 年，Peregrine 重編前幾季的財報，營收從原先的 13.4 億美元減少 5.09 億美元，其中至少有 2.59 億美元因為相關交易缺乏實質性而撤銷。

意識到假營收來自偽造的應收帳款

　　Peregrine 顯然沒有從簽署這些無約束力假營收合約的客戶中收到現金，結果在資產負債表上，偽造的應收帳款數字惡化。我們已經學到，**應收帳款的快速增加往往是財務健康惡化的指標。**Peregrine 知道，如果不斷膨脹的應收帳款餘額依舊頑固的居高不下，那麼分析師自然會開始質疑「收益的品質」。為了避免這些質疑，Peregrine 耍了幾個花招，使情況看起來像是已經收回應收帳款。這些舞弊手法不當的使應收帳款餘額降低，而且藉此使得營業活動現金流不當的誇大。在第十章我們會拆解這種舞弊手法的機制，並會進一步討論 Peregrine 的現金流舞弊手法。

符號科技公司也來參一腳

　　符號科技公司找到一個創新的方法來認列缺少經濟實質性的營收。從 1999 年底到 2001 年初，符號科技公司與南美的一家經銷商密謀偽造超過 1600 萬美元的營收。公司指示經銷商在每個季底提出隨機產品的採購訂單，即使經銷商絕對不會使用這些產品。符號科技公司從沒有把這些產品出貨給任何經銷商或客戶。相反的，為了欺騙審計人員相信已經把產品銷售出去，符號科技公司把產品送到自家在紐約的倉庫；不過，它仍然保留所有「業

主損失與利益風險」。經銷商自然不必為這些在倉庫的產品付費，而且當經銷商需要為任何產品下合法的訂單時，能夠免費「退貨」或「交換」產品。毫無疑問，這種騙局唯一的目的是提供一個合法銷售的表象，這樣符號科技公司就可以認列營收。

留意與關係人的以物易物交易

投資人應該始終留意**沒有用現金支付**的銷售（也就是以物易物交易）。而且如果這樣的交易是與關係人往來時，投資人應該要更加擔憂。

以總部在維吉尼亞州的 comScore 為例，公司試著向廣告商銷售網路流量數據的核心事業來掩蓋 2014 年銷售不振的情況。管理階層與其他數據供應商簽下協議，交換特定的「數據資產」。因為沒有金錢交換，這些交易只在財報的附注中揭露，描述為「非貨幣」交易。交換商品或服務的安排本質上就很可疑，因為這筆交易所認列的銷售金額取決於公司自己估計的價值，而且金額很容易被誇大，甚至完全是想像，反映出沒有真正實際的經濟活動。

這些非貨幣（以物易物）的安排在 2014 年的銷售金額是 1630 萬美元（占總銷售金額的 5%），占 comScore 的財報成長很大的一部分。這些交易從單獨報表基礎（stand-alone basis）來看不僅可疑，而且這些以物易物的銷售幾乎全都（占 88%）與

comScore 的關係人有關。到了 2015 年第三季，公司已經認列 2370 萬美元的額外以物易物營收（現在占總營收 9％）。而且到了 2015 年底，投資人對於這些安排的真實性提出足以讓人不安的疑問，管理階層發現無法適當提交財報。而在無法提交財報下，comScore 最後從那斯達克交易所下市。

> **TIP** 當一家公司列出以物易物或「非貨幣」的銷售時，要格外謹慎，尤其是交易的買方是公司的關係人的時候。

沒有檢測到會計造假，使惠普損失數十億美元

惠普試著重振艱困的事業，在 2011 年 10 月跨越大西洋尋找併購機會，花了 111 億美元併購軟體製造商 Autonomy 公司（Autonomy Corporation）。結果證明這是很大的錯誤。一年後，惠普承擔 88 億美元的資產價值減損，意識到為 Autonomy 公司支付高額費用。更糟的是，惠普聲稱這筆巨額虧損中有大部分與嚴重的不當會計做法有關。

當這個壞消息公開時，不僅惠普的股價在一天之內暴跌 12％，惠普還聲稱 Autonomy 公司的高階經理人意圖誇大營收來欺騙投資人。簡而言之，惠普的領導人宣稱他們被 Autonomy 公司騙了。

美國證券交易委員會對這些指控進行調查，得出的結論是，

在併購之前，Autonomy 公司多年來確實使用各種計畫來大幅誇大銷售金額。在很多情況下，這些舞弊讓 Autonomy 公司在早期軟體銷售的流程中加速營收的認列。不過在某些情況下，Autonomy 公司最後並沒有成功與最終用戶完成交易，因此營收有可能**完全在捏造**。舉例來說，公司不只把產品賣給經銷商，之後還從同個經銷商回購經銷商不想要、沒使用或訂價過高的產品，進而「返還」收到的現金。根據美國證券交易委員會的說法，光是這個計畫，就使 Autonomy 公司 2009 至 2011 年間的財報營收增加將近 2 億美元。

2. 從缺乏公平合理過程的交易中認列營收

儘管認列沒有經濟實質性交易的營收不應該被視為合法作為，但是缺少公平合理過程的交易有時還是適當的。但是謹慎的投資人應該反對這種做法，也就是說，大多數缺乏公平交換的關係人交易會產生往往是誇大的假營收。

▌銷售給關係人的交易

如果賣方和客戶在某個方式上有關係，那賣方認列營收的品質也許值得懷疑。舉例來說，銷售給供應商、親戚、公司董事、

大股東或業務合作夥伴會引發疑慮，認為在談判交易條件時是不是**公平**？親戚是否得到折扣？賣方是否期望未來可以用折扣價從供應商那邊買回商品？有任何附帶協議要求賣方提供對價關係嗎？出售給關係人或戰略合作夥伴可能完全是適當的交易。然而，投資人應該要一直花時間仔細檢查這些買賣安排，因為了解認列的營收是否真的與交易的經濟現實情況一致很重要。

留意關係人客戶和合夥企業夥伴

　　一個代表性的案例是涉嫌詐欺的亞利桑那州高畫質電視製造商新泰輝煌公司（Syntax-Brillian）。2007 年，新泰輝煌公司的事業非常成功。中國市場的高度需求使電視銷售暴增，與 ESPN 衛視體育台（ESPN）和 ABC 體育台（ABC Sports）建立的行銷關係也引起大家對奧麗維亞（Olevia）高畫質電視的熱烈討論。公司在 2007 年會計年度的營收成長超出兩倍，銷售金額接近 7 億美元，前一年的銷售金額還不到 2 億美元。一年後，新泰輝煌公司破產，並因為詐欺案而接受調查。

　　如果投資人了解新泰輝煌公司的財報結果與關係人的交易有多密切，對於這家公司的破產就不會太驚訝。舉例來說，這家公司驚人的營收成長來自於與可疑關係人的相關銷售增加 10 倍。這些銷售占新泰輝煌公司總營收接近一半，而且相關人士是亞洲經銷商南中國科技。新泰輝煌公司與南中國科技的關係比典型的

客戶與供應商安排更為排外。兩家公司似乎捲入一個錯綜複雜的合夥企業網絡（奇怪的是，其中也包括新泰輝煌公司的主要供應商）。新泰輝煌公司與南中國科技的關係非常密切，它給南中國科技 120 天的付款期限，而且定期將這個付款期限再延長。

新泰輝煌公司說南中國科技公司是經銷商，會買進公司的電視產品，然後轉售給中國的零售賣場和最終用戶。很多投資人沒有質疑公司對南中國科技公司的銷售大幅成長，因為隨著 2008 年北京奧運愈來愈接近，人們會將電視機升級，他們相信中國的需求很高。新聞報導提到，北京計畫在奧運村搭配奧麗維亞電視，也讓投資人雀躍不已。

然後突然間，在 2008 年 2 月，新泰輝煌公司祕密宣布奧運設施不再安裝公司「出售」給南中國科技公司的電視。儘管新泰輝煌公司已經從這些電視的銷售中認列營收，但公司同意以將近 1 億美元的金額「回購」超過 2 萬 5000 台電視。公司不需要拿出現金，因為來自南中國科技公司的應收帳款並還沒有償還。有這種明顯的退貨權，而且沒有收取現金，新泰輝煌公司第一時間都不應該認列這些營收！

新泰輝煌公司精心安排的關係人交易（以及很多危險信號，例如應收帳款暴增），對於閱讀財報的投資人來說都是顯而易見的。舉例來說，新泰輝煌公司在 2006 年 3 月公布的季報中可以發現公司與南中國科技公司有以下的關聯，即使是最新手的投資

人也會產生疑問。

留意與母公司的交易

以中國潔淨能源設備製造商漢能薄膜發電公司(與其骯髒的
會計手段)為例。在 2013 年,公司業績才剛開始升溫,營收成
長 18%,達到 33 億港元。到了第二年,營收三級跳,達到 96 億
港元。從 2013 年 5 月至 2015 年 5 月,漢能薄膜發電公司的股價
飆升 1300%,總市值高達 400 億港元,而且使創辦人兼董事長李
河君成為中國最有錢的人。

掀開財報中營收成長的表象後,顯露出一個令人震驚的事
實:漢能薄膜發電公司的主要客戶恰好是母公司漢能集團(同名
當然不是巧合)。2013 年,10% 的漢能薄膜發電公司的營收來自
對母公司的銷售。漢能薄膜在 2014 年還有其他客戶,但是母公
司仍占營收 61%。此外,漢能薄膜幾乎沒有從對母公司的銷售得
到任何現金,導致應收帳款激增至空前的水準,結果應收帳款週

轉天數在 2014 年底膨脹到 500 天（有 57％的應收帳款被列為逾期帳款）。顯然這些銷售並不正常。

到了 2015 年 5 月，舞弊終於拆穿了。一天早上，當李董事長因為陷入內線交易，無法出現在股東會時，漢能薄膜發電公司的股票下跌 50％，之後香港證交所停止交易。

留意與合資企業合夥人交易所產生的可疑營收

2004 年，時尚大亨肯尼斯・寇爾（Kenneth Cole）的弟弟尼爾・寇爾（Neil Cole）創立總部位於紐約的品牌管理公司艾康尼斯品牌集團（Iconix）。艾康尼斯的商業模式相對簡單：買進與時尚品牌相關的商標，然後將這些品牌製造與銷售服飾的權利授權出去。客戶通常會根據各品牌的銷量付給艾康尼斯一定比例的特許使用費。

艾康尼斯最初幾年買進成熟、但不那麼流行的時尚商標（像是 London Fog、Joe Boxer 和 Umbro）。儘管隨著時間經過，公司可能會因為這些商標投資產生正報酬，但緩慢而穩定的商業模式無法靠著自身營運來強勁成長。為了使營收成長更有看頭，管理階層採用創意的會計遊戲。一種舞弊手法是將商標資產劃分到各個地理區域，並出售某些特定的商標來加速銷售和認列收益。例如，在 2013 年，艾康尼斯以 1000 萬美元銷售 Umbro 在南韓的商標，將 1000 萬美元全都認列為出售收益。莫名其妙的是，這項

收益被列為本業**營收的一部分**，而不是資產出售的一次性收益。

在某些情況下，艾康尼斯實際上會憑空創造買進這些區域商標的客戶。舉例來說，在 2013 年，他與供應鏈夥伴利豐公司（Li & Fung）成立股權各半的合資企業，把幾個商標轉讓給這家合資企業。艾康尼斯宣稱並**沒有**這家合資企業的**控制權**（儘管這家企業的名稱是艾康尼斯亞洲公司〔Iconix SE Asia〕），因此公司能夠轉讓這些商標，把轉讓收入認列為總銷售的一部分。這家公司在 2014 年 9 月的財報中揭露，光是銷售給這家合資企業就產生 1870 萬美元的營收，占當季總營收 16％，這基本上是憑空產生的。

3. 從無法產生營收交易的款項認列營收

到目前為止，我們已經解決從完全缺乏經濟實質性與也許有些經濟實質性、但缺乏必要合理流程的交易中產生的假營收。現在我們要調查把無法產生營收的活動收到的現金錯誤分類，因此產生的假營收。

投資人要了解，並非所有收到的現金都必然是營收，或甚至直接屬於公司的核心業務。有些現金流入與融資活動（借錢和發行股票）相關，有些則和與務和其他資產的銷售相關。對於認列這種非核心來源的一般營收或營業利益的公司，應該抱持著懷疑的態度。

▍將貸款交易中收到的現金認列為營收的問題

　　切勿把從友好銀行家那裡獲得的資金與從客戶那裡得到的資金搞混。銀行貸款必須償還，而且被視為是負債。相對來說，從客戶那裡收到的錢是提供服務的回報，那是保留給你的，而且應該視為是營收。

　　很顯然，汽車零件製造商德爾福公司無法了解負債和營收的區別。2000 年 12 月底，德爾福汽車以存貨當抵押品，取得 2 億美元的短期貸款。德爾福汽車並沒有把收到的現金認列為必須償還的負債，而是不當的認列為商品銷售，就好像銀行已經買進視為抵押品的存貨一樣。正如第十章你會看到德爾福汽車的情況，這種扭曲的解釋使德爾福汽車認列假營收，也提供假營運現金流。

▍注意給供應商折扣的計算方式

　　從供應商買進商品時，現金通常會從客戶流向供應商。有時，現金會反向流動，通常是以折扣或退款的形式出現。將這些折扣退回的現金列為營收顯然是不適當的，因為它應該被視為是購買存貨的成本調整。但是，在夏繽公司裡創造力豐富的人並不這麼認為。夏繽公司耍了一個巧妙的舞弊手法來誇大營收，它先

提供現金給供應商，然後當現金退還時認列營收。而且，夏繽公司對某個特定的供應商承諾未來會購買商品，用來跟那個供應商交換立即的「折扣」，當然，夏繽公司把這些現金認列為營收。

美國超市 Stop & Shop 和 Giant 的擁有者皇家阿霍德（Royal Ahold）也透過提供供應商折扣來玩類似的遊戲。高階經理人操縱供應商的帳戶來創造虛假的折扣，藉此誇大收益，並讓公司達到收益目標。誇大的折扣金額在 2001 年和 2002 年總計超過 7 億美元，導致收益嚴重誇大。執行這個計畫的高階經理人最後被判詐欺罪，並送進監獄。

同樣的，在 2014 年 9 月，英國食品雜貨商特易購（Tesco）宣布，因為認列太多與供應商折扣與退款的收入，誇大公司的獲利。接下來股價大幅動盪，與今年年初的股價相比下跌 50％。特易購的董事長、執行長、財務長與其他重要高階經理人與董事會成員離開公司。2016 年 9 月，英國重大詐欺犯罪偵查署（Serious Fraud Office）宣布以詐欺和偽造帳目罪起訴三名前員工。

4. 從適當但虛報金額的交易中認列營收

本章的前三節重點在說明完全不適當的營收來源，因為它們缺乏任何經濟實質性、不符合必要的合理檢測，或是源自無法產生營收的活動。另一方面，本節介紹的公司通常符合廣泛的營收

認列原則。但是（而且並非微不足道的是），這種違法行為涉及到對投資人來說，認列營收的數字似乎過多，或是會造成誤導。過多或造成誤導的營收可能是因為（1）使用不當的方法來認列營收，以及／或（2）稅前的總營收使公司顯得比實際規模大得多。

▌安隆使用不當的方法來認列營收

就像第一章的討論，早在安隆成為聲名狼藉的「最大財務詐欺公司」之前很久，公司已經在德州休士頓經營一個小型的天然氣管線業務很多年。在 1990 年代，公司逐漸從一個能源生產商轉變成促進能源交易和相關期貨交易的公司。

為了了解安隆的新業務，以及公司提交的財報所產生的影響，值得思考透過經銷商進行的一項簡單商品交易。通常如果經紀商促成一個名目價值 1 億美元、佣金 1%的交易，經紀商會認列 100 萬美元的佣金為營收與毛利。然而，安隆採取更積極（而且不當）的方法來認列這類交易。安隆會「反計還原」（grossed up）這筆交易，認列 1.01 億美元的營收，抵銷 1 億美元的商品賣出成本，因此產生同樣 100 萬美元的毛利。這種超級積極的會計手段是為什麼安隆會顯示出快速的營收成長與微小毛利的奇怪組合的原因。

▍與安隆財務長安德魯・法斯托的碰面

　　這就是我們多年來致力的觀點，但是因為這些資深經理人都被關在監獄裡，所以我們無法跟他們交談，用來確認這個觀點是否正確。但是在 2015 年 12 月，本書作者之一的霍華偶然與前安隆財務長安德魯・法斯托（Andrew Fastow）碰面，他們兩個人應邀在猶他州帕克城（Park City）的會議上演講。在法斯托演講的問答環節時，霍華有機會說明他認為主要的會計詐欺（使用上述相同的大宗商品來說明），而且他問安德魯這個觀點是否正確。安隆是否將交易的名目價值「反計還原」，把總數視為營收，而不是只考慮賺到的佣金？他用下面的話來回答：「本質上你是正確的，但是……」接著他繼續說明為什麼這個基本的會計原則對安隆來說並不適用。當這個觀點被證實後，霍華只是翻了個白眼，微笑不語。

留意使用反計還原的營收，使其看起來像是規模很大的公司

　　號稱電子商務界奇蹟的 Groupon 公司在 2008 年 11 月突然橫空出世，而且僅僅在 17 個月之後，公司私下的市值估計就高達 10 億美元，沒有哪個公司這麼快達到這個門檻。接著在 2011 年 11 月這家公司成立滿三年的時候，Groupon 上市，驚人的募集到 7 億美元，成為那時第二大首次公開發行的科技公司（僅次於

Google 在 2004 年募資 17 億美元）。但是在公開上市之前，
Groupon 很辛苦才取得美國證券交易委員會首次公開發行的核
可，因為它不得不修改申請上市登記報告（registration statement）
八次。影響最大的是重新提報與認列營收有關的內容，導致營收
改變，使營收減少高達 50%。（見表 4-1）

表 4-1　Groupon 的總營收與淨營收

千美元	年報		半年報	
	2009 年 12 月	2010 年 12 月	2010 年 6 月	2011 年 6 月
最初（總營收）	30,471	713,365	135,807	1,597,423
重新提報（淨營收）	14,540	312,944	58,938	688,105
差距	15,931	400,421	76,869	909,318
誇大比例	110%	128%	130%	132%

　　Groupon 主要的舞弊手法是試圖藉著把會員支付的交易總金
額認列為銷售金額，而非扣除積欠商家的可觀費用，來使公司事
業看起來更大。在重編財報文件（包含首次發行文件〔Form
S-1〕，注：首次公開發行的公司必須向證券交易委員會提交的表
格，表格內容為與發行人和上市證券有關的大量資訊），美國證
券交易委員會要求 Groupon 從「總營收」認列法改為「淨營收」
認列法，導致 2011 年前 6 月的營收從近 16 億美元降到只剩 6.88
億美元，下降 57%。

　　令人驚訝的是，投資人似乎忽略這非常不吉利的發展。事實

證明，11 月的首次公開發行非常成功，Groupon 的股價在上市第一天就大漲 31％。它在 11 月 4 日的收盤價是 26.11 美元，市值達到 160 億美元。但是隨著 2012 年初另一次（公司提出的）財報重編，情況開始失去控制。到了 2012 年 11 月上市週年的時候，股價暴跌至 2.76 美元，這個最受期待的首次公開發行公司股價驚人的跌掉 90％。投資人已經受夠了，到了 2013 年 2 月，執行長安德魯・梅森（Andrew Mason）被解雇。

當傳統企業轉移至電子商務時，通常有機會重新審視總營收與淨營收的區別。以開始在網路上投放廣告的廣告代理商玩弄的手法來說，這些公司通常會從為客戶在電視或廣播、報紙或戶外看板打的廣告所賺到的佣金收入認列為營收。但是，大多數廣告代理商對網路廣告有不同的處理方式，他們選擇以總營收來認列，因此將廣告的全部價值都列在營收裡。對投資人而言，這種舞弊手法似乎很簡單。但是在多數情況下，網路廣告營收會與其他以淨營收認列的代理費用搞混，因此很難評估廣告代理商真正的佣金收入狀況。由於網路廣告在廣告市場上往往每年都在成長，因此這種認列營收的方法一直人為的推動廣告代理商在財報上的銷售金額成長。

―――――――――――― 展望未來 ――――――――――――

　　本章和第三章都在討論誇大營收的技巧。這些舞弊手法不是
提早認列營收，就是認列全部或部分的假營收。第五章要介紹誇
大收益的技術，但是要進一步移到營業報告。儘管它們不是營收
的一部份，但是一次性收益可能會扭曲公司的營業利益或淨利。

利用一次性或無法持續的活動來增加收入

　　當魔術師想要突然變出兔子時，他可能會輕拍魔杖或說出咒語「阿布拉卡達布拉」。企業的高階經理人們不甘落於人後，在報告收益時也有無中生有的方法。高階經理人不需要特殊的道具，也不需要使用像「阿布拉卡達布拉」的特殊咒語。他們需要的只是一些簡單的技巧。

　　一次性的收益與俗諺中帽子裡的兔子類似，會神奇的出現在任何地方。一家陷入困境的公司也許會傾向使用一次性或無法持續的活動來增加營收的技巧。這章要探討這樣的方法，如果沒有檢測到這些方法，投資人可能會因此被迷惑。在這章中，我們會研究管理階層使用的以下兩種技巧，以快速但短暫的「刺激因

素」來得到收益。

▶ 使用一次性或不可持續的活動來增加收入的技巧
1. 使用一次性事件來增加收入
2. 透過誤導性的分類來增加收入

1. 使用一次性事件來增加收入

▌網路公司風潮讓藍籌股有些憂鬱

在 1990 年代後期，「網路」（dot-com）小型科技新興企業吸引投資人的注意，而老派的科技巨頭渴望恢復風采。只要簡單在公司名稱的最後加上「dot-com」，投資人就可以立刻付更多錢買下公司股票。投資人似乎對這些企業實際的經濟表現和基本面的健康狀況沒有什麼興趣，因為他們沉迷於新經濟的瘋狂成長潛力或公司有被超高溢價併購的潛力。這些公司中有一些公司蓬勃發展（例如 Yahoo!），也有一些與老牌公司的力量結合起來（美國線上〔AOL〕與時代華納〔Time Warner〕合併），而且有許多公司破產了（eToys 從 1999 年的 110 億美元的市值到 2001 年破產）。投資人將注意力關注在這些新興公司上，IBM、英特爾和微軟等科技藍籌股往往被視為是老舊的公司。

IBM 確實在 1999 年遇到麻煩，因為公司的成本增加得比營收成長還快。就像表 5-1 顯示，1999 年，銷貨成本（cost of goods and services, COGS）成長 9.5％的時候，營收只成長 7.2％，導致毛利降低。但是，IBM 的營業利益與稅前淨益卻讓人印象深刻的跳升 30％。

營收和營業利益成長間的巨大差距，應該會讓勤奮的投資人有所警覺，進行進一步的研究。因為你正在閱讀這本書，現在你也被視為是勤奮的投資人，因此讓我們仔細檢查 IBM 年報上的損益表（見表 5-1）。馬上注意到的事情是「銷售費用、一般費用和行政費用**減少** 11.6％，而銷貨成本**增加** 9.5％。其次，在營收只成長 7.2％的情況下，營業利益和稅前淨利都成長 30％，似乎讓人很驚訝，除非公司有一次性的收益是我們看不到的，或是選擇

表 5-1 IBM 原來提報的 1999 年損益表

百萬美元，%除外	1998 年	1999 年	改變比例
營收	81,667	87,548	**7.2%**
銷貨成本	（50,795）	(55,619)	9.5%
毛利	30,872	31,929	3.4%
銷售費用、一般費用與行政費用	(16,662)	(14,729)	**(11.6%)**
研發	(5,046)	(5,273)	4.5%
營業利益	9,164	11,927	**30.2%**
業外費用	(124)	(170)	
稅前淨利	9,040	11,757	**30.0%**
所得稅	(2,712)	(4,045)	
淨利	6,328	7,712	**21.9%**

另一種舞弊手法來誇大收益或隱藏費用。

　　而這正是事情發生的情況。在 1999 年年報的某個附注中，IBM 從銷售給 AT&T 的全球網絡（Global Network）業務中認列 41 億美元的收益，而且奇怪的把這項收益納入**銷售費用、一般費用與行政費用的減少**。這樣做之後，IBM 神奇的對很多投資人隱瞞營運惡化的情況。

　　就像表 5-2 顯示，與 IBM 的財報數字相比，不包括一次性收益的結果似乎看來讓人恐懼。藉著簡單移除不當塞進的銷售費用、一般費用與行政費用導致的龐大收益後，IBM 調整後的 1999 年費用從 147 億美元跳升至 188 億美元。結果，營業利益下降相同的數字，從 119 億美元下降至 79 億美元。結果，營業利益和

表 5-2 IBM 1999 年排除一次性收益、調整過的損益表

百萬美元，%除外	1998 年 調整後	1999 年 財報	改變比例 （%）
營收	81,667	87,548	**7.2%**
銷貨成本	（50,795）	(55,619)	9.5%
毛利	30,872	31,929	3.4%
銷售費用、一般費用與行政費用	(16,662)	(18,786)	**12.7%**
研發	(5,046)	(5,273)	4.5%
營業利益	9,164	7,870	**（14.1%）**
業外費用	(124)	(170)	
稅前淨利	9,040	7,700	**（14.8%）**
所得稅（34.4%）	(2,712)	(2,649)	
淨利	6,328	5,051	**（20.2%）**

稅前淨利都減少 41 億美元。

　　現在我們能夠比較結果（財報的數字與扣除收益後調整的數字），並清楚看到巨大的差異。銷售費用、一般費用和行政費用實際上**增加** 12.7％（而不是像財報說**下降** 11.6％），而且營業利益和稅前淨利分別**下降** 14.1％和 14.8％（而不是財報說分別**增加** 30.2％和 30.0％）

▌將出售事業轉變為經常性營收來源

　　有些公司會將製造工廠或業務部門銷售給另一家公司，同時達成協議，從銷售的業務單位回購產品。這些交易在科技業很常見，而且經常被公司用來將內部流程快速「外包」。舉例來說，一家決定不再自己製造電池的手機製造商也許會出售電池製造部門給另一家公司。同時，因為手機製造商仍然需要電池給自家手機使用，所以兩家公司也許會簽訂另一項協議，手機製造商從剛賣出的部門買進電池。

　　毫不意外，將一次性事件（出售一個事業）和一般經常性營業活動（銷售產品給顧客）混合在一起的交易，為管理階層創造使用財務舞弊手法的機會。舉例來說，如果買方同意公司未來可以用很好的條件購買電池，那手機公司也許會從出售電池業務中拿到更少的錢。在另一種混合交易中，如果賣方也同意買方以高

價購買其他商品，一家公司也許會以低價賣出事業。

以半導體巨頭英特爾與晶片製造商邁威爾科技公司（Marvell Technology Group）在 2006 年 11 月交易的架構為例。英特爾同意將通訊和應用事業的某些資產賣給邁威爾，同時，邁威爾同意在未來兩年內至少從英特爾購買一定數量的半導體晶圓片。仔細閱讀邁威爾對這筆交易的描述會發現一些奇特的事情：邁威爾同意以**高價**向英特爾購買這些晶圓片。（有趣的是，英特爾並沒有透露這筆交易，或許是考量到這筆交易的總數微不足道。）為什麼邁威爾同意為這些存貨多付錢呢？

▶ **邁威爾的季報描述與英特爾的交易**

在併購 ICAP 業務的同時，公司與英特爾達成供貨協議。公司有義務在合約期間依合約價向英特爾購買特定成品和篩選過的晶圓（sorted wafers）。成品和篩選過的晶圓之間的合約期限可能不同。**幾乎所有情況下，英特爾向公司的要價都比公司在市場上得到的價錢還高。**根據採購會計法，公司在合約簽訂時認列一項負債，顯示在公司有合約義務下，這些產品的要價與市場價格之間的差距。

TIP　確保總是檢視兩方揭露業務出售的資訊，這是掌握交易真實經濟性最好的做法。

除非獲得同樣價值的回報，不然邁威爾不可能同意以高價買下英特爾的產品。請記住，邁威爾和英特爾同時對資產銷售和供貨協議進行談判。為了了解這份協議的經濟真實性，我們必須同時分析交易的兩個要素。

　　從經濟上來說，邁威爾為這項業務和未來產品所支付的現金總額，與邁威爾併購的事業與之後買進的產品相等，這是很合理的推斷。隨之而來的是，如果邁威爾要為這些產品多付一些錢，那一定為了那個事業少付了一些錢。換句話說，英特爾可能從業務出售中得到較少的預付現金，用來交換之後以產品銷售的營收形式得到的更多現金。這肯定非常適合英特爾，因為以出售業務所獲得的現金相比，投資人對於經常性營收流更加印象深刻。

　　當然，邁威爾的財報也從付較少的錢買下一項事業，並用更多錢買進產品中受益。（在第七章，我們會回到邁威爾的例子，顯示這樣的安排如何提供公司在每一季對收益做出自由裁量的機會。）

留意將事業銷售與產品銷售混為一談的情況

　　當然，英特爾和邁威爾的計畫並不是美國獨有的現象。在大西洋的另一端，日本科技巨頭軟銀（Softbank）也以不尋常的會計做法認列一項事業的銷售，來提報出色的業績。具體來說，軟銀似乎沒有認列銷售期間的整體收益，而是推遲一些收益，並用

來讓未來的營收和淨利受益。

2005 年 12 月，軟銀出售數據機租賃業務，並同時達成向賣方提供某些服務的協議。軟銀總共獲得 850 億日圓，分別包括銷售和服務協議，有 450 億日圓分配給事業出售，其餘 400 億日圓是在服務協議下的未來營收。透過將資產出售與之後的產品銷售混為一談，軟銀就跟英特爾一樣，可以認列較小金額的一次性收益，以及較大金額的產品營收流。結果投資人也許會被騙，認定軟銀的銷售成長比實際經濟情況來得快。

留意加快認列收益的會計政策改變

2013 年，總部位於波士頓的鄧肯品牌（Dunkin's Brands，鄧肯甜甜圈〔Dunkin'Donuts〕與 31 冰淇淋〔Baskin-Robbins〕的經銷商）從一個不太可能的來源誇大營收。鄧肯甜甜圈就像許多連鎖零售商，出售在任何國家地區都可以使用的預付禮物卡。年初，公司採用的會計政策是假設 5 年沒使用的卡片都被認為是丟失的卡片，而且卡片裡剩餘的金額在閒置 60 個月後都會認列為收益。然而，在 2013 年第二季，管理階層改變這個慣例，根據**持續使用的基礎**（ongoing basis），開始從可能會持續使用的金額（從第一次使用卡片開始）認列收益。這種改變產生收益加速的效果，提供機會讓每股盈餘增加。此外，投資人可以看到管理階層拚命進行棘手的會計變更，以彌補經銷事業的疲軟。

本章第二部分要說明管理階層也許會轉移收益或虧損，來掩蓋公司經常性業務獲利惡化的技巧。

2. 透過誤導性的分類來增加收益

在評估公司的業績表現時，分析實際營運產生的盈餘（營業利益）當然很重要。分析利息、資產銷售、投資和其他與營運無關的損益（業外利益）也很重要，然而，這不是審視公司的營運表現。有些公司會把所得或損失錯誤分類，使投資人搞不清楚狀況，讓營業利益看起來更好。

這一節要辨識可能導致（經常性業務的）營業利益誇大的三種財務報表類型：（1）將正常的營業**支出**（也就是「壞東西」）轉移到業外項目；（2）將業外或非經常性**收益**（也就是「好東西」）移到營業活動，以及（3）使用與資產負債表分類有關的可疑管理決策來幫忙拋棄壞東西，或是放上好東西。

▎ 將正常的費用移到經常性項目外

將正常的營業費用移到經常性項目外最常見的方法是納入通常在營業活動顯示出的一次性成本減記。例如一家公司一次性的減記存貨或廠房和設備的價值，有效的將相關費用（也就是產品

銷售成本或折舊）從營運項目轉移到非營運項目，因此推升營業利益。

留意持續認列「重組支出」（Restructuring Charges）的公司

陷入困境的公司往往會進行重組計畫，這其中會產生非經常性費用。舉例來說，如果一家公司關閉某個辦公室，可能會付給員工遣散費，或是中途停止租用辦公室的費用。公司通常都會從營業利益中扣除相關的重建計畫費用，並將這筆款項列在資產負債表上。如果處理得當，這樣的做法對於投資人很有幫助，因為它可以洞察公司經常性營運的業績表現。一般來說，在管理階層適當揭露重建支出的資訊下，投資人應該可以更合理去評估公司更重要的經常性活動。

但是，有些公司實際上會在每個期間都認列「重組」支出，濫用這個會計呈現方法。投資人應該對這些支出抱持懷疑的態度，因為公司可能會將正常的營業費用包裹進這些費用中，試著冒充為一次性的費用。舉例來說，電信網絡設備供應商阿爾卡特（Alcatel）從 1990 年代初期以來幾乎每一季都認列非經常性的重組支出。每年，這些支出總計有數億美元，有時還會高達數十億美元。從 1990 年到現在，惠而浦（Whirlpool）也幾乎每年都認列重組支出，促使美國證券交易委員會在 2016 年 10 月給公司的公文中要求管理階層：「請向我們解釋為什麼這些並不正常、經

常性的現金費用在事業經營上必不可少。」

留意把虧損的事業轉移到停業單位的公司

　　一個可以神奇提高公司營業淨利的簡單技巧是從宣布計畫出售虧損部門開始。以一個陷入困境的公司為例，這家公司有三個部門產生下列的經營成果：A 部門有 10 萬美元的淨利、B 部門有 25 萬美元的淨利，C 部門有 40 萬美元的**虧損**。公司會提報淨虧損 5 萬美元，除非在這段會計期間開始時已經決定出售 C 部門，而且將這個部門列為「停業單位」。這樣一來，全部 40 萬美元的損失就會移到經常性項目之外，而且投資人很有可能會忽略。不可思議的是，雖然公司經營這三個部門的總虧損是 5 萬美元，但財報的營業利益是 35 萬美元，以及「不重要的」停業單位損失 40 萬美元。我們認為這個技巧與在打高爾夫球時只計算喜歡的擊球次數、但忽略掉到水中或完全偏離球場的不誠實高爾夫球手沒什麼不同。使用這種方法，所有高爾夫球手都會擊出低於標準桿的成績。

　　以 Sabre 公司（Sabre Corporation）在將旅遊城市（Travelocity）部門出售給智遊網（Expedia）之前如何巧妙的誇大來自持續營業部門的收益為例。一旦 Sabre 公司決定按照一般公認會計原則的要求出售這項事業，就把這項虧損業務的所有營收與費用都移到「停業單位」。這樣做之後，Sabre 就會人為誇大持續營業單位的

收益，因為之前這項事業使公司的盈餘縮減，而（旅遊城市）這個事業不再被視為是 Sabre 公司的一部份。當然，這個虧損的業務尚未出售，但是幾乎被投資人忽略。精明的投資人也許會注意到，在旅遊城市部門被指定為停業單位後，Sabre 已經增加旅遊城市部門的歷史成本分配，使其他依然在經營的部門有更低的費用與更高的獲利。

具體來說，在（線上旅遊網站被指定為「停業」的）首次發行報告（S-1 filing）中，旅遊城市部門在 2013 年的銷售費用、一般費用和行政費用是 3 億 3100 萬美元。之後，當旅遊城市被拆分到停業單位時，在 2013 年的同期從持續營業單位中移除的銷售費用、一般費用和行政費用的總數躍升到 3 億 8900 萬美元。較高的成本分配，使剩餘的業務看起來有更加有利可圖的效果。果然，在撤資之後，Sabre 提報的營業費用增加，回到正常水準。

▍將業外或非經常性收入轉移到營業活動

就像我們強調的，將正常的營業費用與重組支出綁在一起是相對容易操縱的遊戲。管理階層只需要說服審計人員減記費用，就能夠創造出更為穩健的收益。相較之下，將業外收入轉移到營業活動更為複雜，有時管理階層可能更難讓謹慎的投資人信任。但是這並不會阻止公司嘗試這麼做。就像我們說明 IBM 的情況，

藉著包括出售業務的一次性收益來誇大營業利益，可能會誤導投資人了解公司真正的經濟健康狀況。

留意把投資收益納入營收的公司

當公司將業外收益或投資收益納入營收時，投資人應該格外警惕。波士頓市場連鎖餐飲（Boston Market）的經銷商波士頓雞肉公司（Boston Chicken）藉著把利息收入和向加盟商收取的各項費用納入營收，來掩飾不斷惡化的業務。雖然將利息收入視為營收對銀行業和其他金融機構顯然很適當，但是對一家餐廳來說，聽起來肯定有點不尋常。

波士頓雞肉公司把投資收益納入營收的一部份，巧妙地掩蓋公司危急的財務狀況。結果很多投資人沒有注意到波士頓雞肉公司的核心餐飲業務一直在虧損。的確，公司所有獲利都來自非核心業務，像是貸款的利息收入，或向相同的加盟商收取的各種服務費。1996 年年報中有個巨大（但顯然被忽略）的警告是加盟商擁有的餐廳正虧損一大筆錢。損失從前一年的 1 億 4830 萬美元成長到 1996 年的 1 億 5650 萬美元。

由於加盟商損失這麼多錢，投資人應該會懷疑身為經銷商和擁有一些餐廳的波士頓雞肉公司怎麼可能交出這麼強健的獲利。稍加挖掘就可以回答這個問題。營收和營業利益主要的來源並不是餐廳顧客，而是**加盟主**。波士頓雞肉公司最初從市場上募集資

金（股權和債務），然後借錢給加盟主。加盟主開始償還貸款時，波士頓雞肉公司就會認列大量的利息收入和其他費用，並把這些現金流入視為營收。不幸的情況是，這些副業收入和所得成為這家公司營業利益的主要部分。因為這筆所得已經與餐廳銷售收入綁在一起，所以很難發現，但謹慎的投資人不可能發現不到。

懷疑與子公司相關的過高營業利益

只是透過其中一個合併會計法（consolidation accounting）的奇特做法，公司就可以產生讓人誤導的強勁營收成長與營業利益成長。讓我們看一下如果一家公司決定將幾家擁有多數股權的公司（每家公司都持有60％的股權）組成一家合資企業的會計處理方式。會計原則要求將這些單位合併，而且由「母公司」將所有營收和營業費用都提報為營業利益（也就是營業活動），就好像這些公司全都是自己擁有一樣。其他人擁有的40％的股權會在之後的損益表中扣除（顯示為非營業活動）。以這種假設情況來思考，假設一家子公司有100萬美元的總營收和40萬美元的總費用。在會計原則下，擁有60％子公司的母公司仍然會提報100％的營收和營業費用，或是說60萬美元的營業利益。因為母公司不是擁有100％的股權，而是擁有60％的股權，有40％的差距要扣除為非營業活動，也就是營業利益有24萬美元差距（60萬美元的40％）。因此，投資人會看到60萬的營業利益，而不是實

質上 36 萬美元的經濟利益（60 萬美元的 60％），這不是那麼明顯。有如此多的子公司擁有 51％的股份，是否很奇怪？當然，將 100％的營收列在營業活動，再減去在非營業活動下其他人擁有的 49％獲利似乎是非常吸引人的結果。

▌ 使用與資產負債表分類相關的裁量權來增加營業利益

本節最後的部分要討論公司如何藉由在資產負債表上拋棄損失或放上收益，來產生讓人誤導、吸引人的收益。

如果公司的高階經理人相信他們對子公司或其他經營實體（但沒有控制權）有重大影響力，就要按比例將經營實體的收益或虧損列在損益表（採用權益會計法）。相反的，如果這家公司缺乏這樣的影響力，與合資企業有關的資產負債表帳戶只會定期調整公平價值（fair value）。因此，有很多舞弊就出現在子公司收益強勁期間，管理階層聲稱他們對子公司有影響力，希望將收益放進損益表，或是當合資企業的經營較疲軟時，管理階層會聲明對子公司沒有影響力，將虧損丟到資產負債表外。

會計錦囊 **投資其他公司的會計認列**

對於一家公司的小型投資（通常持股在 20％以內），公司會在資產負債表上以公平價值來認列投資。如果這項投資被指定為

證券交易，那公平價值的改變就會反映在損益表上。而如果這項投資被指定為**可供出售**，那麼公平價值的改變就會以股東權益的抵銷呈現，而不會對收益產生影響（除非出現永久性的價值減損）。

對於一家公司的中型投資（通常持股在 20% 至 50%），公司會在損益表上單獨一行顯示投資收益所占的比例。這稱為「權益法」（equity method）。

對於一家公司的大型投資（通常持股超過 50%），公司會將投資標的的財報完全合併到自己的財務報表中。這稱為「合併法」（consolidation）。

安隆透過將合資企業的虧損轉移至資產負債表，來提高營業利益

安隆的高階經理人可能比其他人更了解使用非合併的合資企業來拋棄債務和虧損的好處。在 1990 年代中期，安隆開始創立一系列的新合資企業，這些合資企業需要大量的資金注入，而且可能在創立初期造成龐大的虧損。管理階層無疑仔細考慮過將資產負債表上的債務與損益表的龐大損失納入所產生的潛在破壞性影響。安隆知道，如果顯示應付帳款膨脹，放款機構和信用評等機構就會臉色發白，而且投資人並不贊同來自股本融資所造成的

巨額虧損與盈餘稀釋。由於這些傳統的融資形式似乎有問題，因此安隆開發某些獨特、而且肯定非常不符合常理的策略。它創立數千家合夥企業（表面上是在會計原則之下），希望它們不會被合併，因此，這些新債務都不會留在資產負債表上。此外，安隆認為，這種複雜的結構還有助於掩蓋這些早期階段創投預期的經濟損失（或有可能獲利）。

有趣的是，安隆實際上是拿出公司股票來租資投資一些合資企業。在某些情況下，合夥企業甚至持有他們投資控股裡的安隆股票。隨著股價上漲，合資企業的資產價值也隨之增加，安隆在這些合夥企業的股權也有增加。這個招數使安隆公司認列大約8500萬美元的盈餘，這只是因為公司的股價在虛幻的多頭市場期間大漲。

因此，安隆迅速增值的股價成為拉抬合夥企業股價和收益的「毒品」。在某個時期，安隆從一家合資公司獲得1.26億美元的驚人營收。奇怪的是，當股價開始迅速下跌時，安隆必然發展出一種嚴重的健忘症，只是忘了向股東報告因此產生的9000萬美元虧損。取而代之的是，安隆恰巧宣布業績結果依然「未合併」，當然，並不包含在資產損益表裡。因此根據安隆的規則，在同一個投資工具上，收益仍包括在內，而投資人看不見隱藏的損失。換句話說，對安隆來說，就像擲硬幣一樣，正面我贏，反面還是我贏。好吧，我們都知道這個故事是怎麼結尾的。

展望未來

現在我們可以停下來反思一下，因為我們已經達到這本書的一個重要階段。在這章的結尾顯示這三章的第三部分已經完成，這三章專注在藉著認列過多營收或其他收益（像是事件的一次性收益或來自可疑的管理階層評估）來增加當期獲利的技術。

接下來兩章要完整說明誇大獲利的教訓，但是它們專注在提報太少的費用。第六章（操弄盈餘舞弊手法4：把目前產生的費用移到後期）顯示費用如何隱藏在資產負債表上，因此轉移到較後期。第七章（操弄盈餘舞弊手法5：利用其他技巧來隱藏費用或損失）描述使費用在今日、而且在某些情況下永遠移出投資人的視線之外的花招。

把目前產生的費用
移到後期

　　德州兩步舞（Texas two-step dance）是一個充滿活力的鄉村與西方舞蹈，因為 1980 年代電影《都市牛仔》（*Urban Cowboy*）而流行起來。兩步舞曾經是一個簡單的穀倉舞，如今已經演變成包括從狐步舞（fox-trot）和搖擺舞（swing）借來的動作。舞者在地板旋轉，並定期交換舞伴，為舞伴和旁觀者提供很好的娛樂。

　　公司的成本和費用帳目也有類似的兩步會計舞。第一步發生在支出的時候，也就是已經支付費用、但還沒收到相關利益的時候。在第一步，支出代表公司的**未來利益**，因此在資產負債表上認列為資產；第二步發生在收到利益的時候，在那個時間點，成本應該從資產負債表轉移到損益表，而且認列為費用。

這種會計兩步舞會以不同的節奏來跳，取決於成本是否與長期利益或短期利益相關。具有長期利益的成本有時需要一個緩慢的舞步，成本依然放在資產負債表，而且逐漸認列費用（例如，使用壽命 20 年的設備）。提供短期利益的成本需要快節奏的舞步，而這兩個步驟實際上是同時發生的。這樣的成本不會在資產負債表上花上任何時間，但是它們會認列為費用（例如，最典型的營運費用，像是薪資和電費）。

公司可以在跳這兩步舞的速度上發揮自己的影響力，而且這種裁量權可能對收益產生很顯著的影響。勤奮的投資人應該評估管理階層是否在資產負債表的第一步不當的凍結成本，而不是持續跳舞到第二步將成本轉移到損益表的費用。這章要介紹四個管理階層利用兩個步驟不當將成本保留在資產負債表上的技巧，進而防止這些成本減少盈餘，直到最後。

> ▶ **將當期費用移到後期的技巧**
> 1. 將超過正常營業費用的金額資本化
> 2. 攤提成本太慢
> 3. 沒有減記減損的資產價值
> 4. 沒有將無法收回的應收帳款和價值減損的投資認列費用

1. 將超過正常營業費用的金額資本化

本章的第一節專注在非常普遍濫用的兩步過程：當需要兩個步驟時，管理階層只會採用一個步驟。換句話說，管理階層在資產負債表不當的將成本認列為資產（或是將成本「資本化」），而不是馬上列為費用。

> **會計錦囊 資產和費用**
>
> 對於這個討論，將資產想成以下兩種類型會非常有幫助：（1）預期會產生未來利益的資產（例如存貨、設備與預付保險費）；（2）預期最終會交換成如現金等另一項資產的資產（例如應收帳款與投資）。預期會產生未來利益的資產實際上是費用的遠親，它們都代表發展業務產生的成本。這些資產和費用的關鍵差別在於時間點。
>
> 舉例來說，假設一家公司買了兩年期的保險。從一開始，全部的金額就代表未來利益，而且會歸類為一項資產。收到一年的利益之後，有一半的費用應該顯示為資產，另一半則被視為費用。在第二年之後，所有成本都不會保留在資產上，而且在資產上剩下的一半成本會歸類為費用。

▍將固定營業費用不當的資本化

在 1990 年代網路熱潮興起時，電信服務業巨頭世界通訊簽

署許多長期網路存取協議，要從其他電信業者租用線路容量。這些協議包括世界通訊為了使用其他公司的電信網路而付出的費用。一開始，世界通訊將這些成本適當的認列為損益表的費用。

隨著 2000 年初科技股崩盤開始，世界通訊的營收成長開始放緩，投資人開始更注意公司高額的營業費用。到目前為止，線路成本是世界通訊最大的營業費用。公司開始擔心是否有能力滿足華爾街分析師的預期。達不到預期肯定會讓投資人失去信心。

因此，世界通訊決定使用一個簡單的花招來保持盈餘成長。公司從 2000 年開始透過一些突然、而且非常重要的會計認列改變方法來隱藏線路成本。（危險訊號！）世界通訊沒有把這些成本認列為費用，而是將這些成本一大部分化為資產負債表的資產。這家公司為此轉換了數十億美元，使 2000 年至 2002 年初的費用嚴重低估，而且獲利嚴重高估。

▌ 線路費用不當資本化的警告訊號

當世界通訊開始將線路成本資本化的時候，儘管損益表上提報的費用較少，但顯然仍在繼續付錢出去。就像在第一章和第二章強調，仔細閱讀現金流量表會明顯警示不斷惡化的自由現金流（也就是說，營業活動的自由現金流減去資本支出）。表 6-1 顯示自由現金流如何從 1999 年的**正 230 億美元**（將線路成本資本化

前）變成**負 380 億美元**（驚人的出現 61 億美元的惡化）。受過良好訓練的投資人應該把這種趨勢視為公司出麻煩的徵兆。

表 6-1　世界通訊的自由現金流

（百萬美元）	1999	2000
提報的自由現金流	11,005	7,666
扣除：資本支出	(8,716)	(11,484)
自由現金流	2289	(3,818)

　　具體來說，世界通訊的資本支出大幅增加應該要引發疑慮。相較於資本支出的相對穩定，它掩飾世界通訊（在年初）提供的指引，而且這恰恰是在技術支出普遍出現萎縮的時候。的確，這種資本支出增加是虛構的，實際上來說，這很大程度是世界通訊改變會計實務，將正常的營運成本（也就是線路成本）轉移到資產負債表來誇大獲利所產生的結果。認真的投資人應該會發現資本支出跳升 32%（從 87 億美元增加到 115 億美元），並質疑在公司營運現金流縮減 30% 的科技減緩期間為什麼是合理的支出。標記出這樣大幅的支出增加，後來證明是嗅出歷史上最大會計詐欺事件最重要的第一步。

> ▶ **不當將正常營業費用資本化的警告訊號**
> ● 不必要的提高毛利，而且某個資產的價值大幅增加。
> ● 自由現金流出現意外的大幅下降，搭配營業活動現金流出現同

留意不當將行銷成本與招攬顧客成本資本化的公司

行銷成本和招攬顧客成本也是正常營業費用的範例，這可以為一個事業創造短期利益。大多數的公司需要花錢來宣傳產品或服務。會計原則通常要求公司立即將這些付款視為正常的經常性短期營運成本。然而，某些公司採取更積極的做法，將這些成本資本化，而且把它們用好幾期分攤。以網路先驅美國線上與它在1990年代中期關鍵成長期間對招攬顧客成本的會計處理方法為例。

直到1994年以前，美國線上都把對新客戶的招攬費用視為營業費用。但是在1994年，美國線上開始將這些成本認列為資產負債表的資產，稱為「遞延獲取會員成本」（deferred membership acquisition costs, DMAC）。如表6-2顯示，美國線上最初將2600萬美元資本化（占銷售金額的22%、總資產17%），然後在未來12個月攤提這些成本。

請注意，未來幾年的遞延獲取會員成本急遽增加。到了1996年6月，資產負債表上的遞延獲取會員成本已經膨脹到3.14億美元，是總資產的33%，股東權益的61%。如果將這些費用計入當期費用，那麼美國線上1995年的稅前虧損大約是9800萬美

表 6-2 美國線上的遞延獲取會員成本

（百萬美元）	1993	1994	1995	1996
營收	52.0	115.7	394.3	1,093.9
營業利益	1.7	4.2	(21.4)	65.2
淨利	1.4	2.2	(35.8)	29.8
總資產	39.3	155.2	405.4	958.8
遞延獲取會員成本	-	26.0	77.2	314.2

元，而不是 2100 萬美元（包括截至 1994 年會計年度為止已經減記的遞延獲取會員成本），而且美國線上 1996 年 6200 萬美元的**稅前淨利會變成 1.75 億美元的虧損**。以季來計算遞延獲取會員成本資本化的影響，是讓美國線上在 1995 年和 1996 年會計年度提報的 8 季中有 6 季出現獲利，而不是每季都出現虧損。

檢查這些數字時，投資人應該因為幾個理由而感到震驚。首先，這家公司將這些費用**從支出改**為資本化的積極做法。其次，未被攤提的遞延獲取會員成本的**龐大成長**，代表這三年期間支出重大漏報，以及獲利虛報，而且這些成本實際上削弱**未來的預期收益**。

美國線上自然會試著去證明自己可以選擇這樣的會計處理方法，聲稱這是屬於會計原則 SOP 93–7 規定的例外情況。為了符合例外情況，並允許將獲取會員成本資本化，公司必須拿出充滿**說服力的證據**來證明，廣告帶來的未來利益與公司之前直接回應廣告活動的效果**類似**。

美國證券交易委員會不贊同美國線上的會計處理方法，提到公司沒有滿足 SOP 93–7 的基本要求，因為「不穩定的商業環境無法對未來的淨收益進行可靠的預測」。投資人不需要對這種神祕的會計原則有基本的了解就可以清楚知道這有點不對勁。美國線上更改為更積極的會計政策，而這個政策對收益的龐大影響，應該會使精明的投資人更加無法理解公司的做法。

留意在採用新會計原則前營收的膨脹

有時候，決定開始將營運成本資本化不是來自於管理階層的異想天開，而是為了要遵守制定標準的機構所宣布的新會計原則。儘管批評管理階層做出這樣的改變顯然是不公平和不合理的，但是投資人應該了解到，任何改變帶來的獲利改善都是短暫的，而且與經營成功無關。舉例來說，朗訊公司（Lucent，現在是阿爾卡特公司的一部分）在新會計原則規定下，藉著開始將內部使用的軟體成本資本化而得到不錯的收益成長。

> **TIP** 不論會計做法變更是否合法，投資人應該要努力去了解這樣的改變對營收成長的影響。簡而言之，**任何與改變有關的成長都不會重現**。想要維持成長，就必須持續讓營運表現得到改善。

小心資產負債表上異常的資產項目

　　在新泰輝煌公司破產和詐欺案調查的前一年，新泰輝煌公司已經開始在資產負債表上提出奇怪的新資產項目，稱為「工具押金」和「存貨押金」（"tooling" and "inventory" deposits）。根據新聞報導，這家公司提供這些資產少量而令人困惑的細節，稱它們代表公司主要存貨供應商（歌林公司）提供的押金。奇怪的是，這兩個項目都使公司資產負債表上的存貨總價值相形見絀。此外，歌林公司不只是新泰輝煌公司的最大供應商，也是關係人，它擁有新泰輝煌 10% 的股票，而且還與多家合資企業進行交易。

　　投資人還有其他理由對這些新資產項目抱持懷疑的態度，不只是因為它們與關係人不尋常的性質，還因為這些資產項目的金額快速增加。如表 6-3 顯示，新泰輝煌公司 2007 年 6 月的財報驚人的出現 7000 萬美元「與歌林公司的存貨押金」，而前三季的財報並沒有這些押金。同樣的，2006 年 6 月的財報也沒有「與歌林公司的工具押金」，但隔年這個項目的數字卻穩定成長，在 2007 年達到 6530 萬美元。像這樣不尋常的資產項目激增，特別是涉及關係人的項目，應該會讓投資人落荒而逃。

> **警告訊號**
>
> 　　一個全新或不尋常的資產項目（尤其是快速增加的項目），可能表示不當的資本化警訊。

表 6-3　新泰輝煌公司不尋常的資產項目

（百萬美元）	2006/3 第三季	2006/6 第四季	2006/9 第一季	2006/12 第二季	2007/3 第三季	2007/6 第四季
與歌林公司的存貨押金	8.0	5.1	-	-	-	70.0
與供應商的存貨押金	-	-	-	-	-	8.3
與歌林公司的工具押金	-	-	15.2	26.3	39.6	65.3

▌ 允許資本化的項目有太大的金額

會計原則允許公司將某些營運成本資本化，但是只能有一定程度或滿足特定條件下才可以進行。我們將這些成本稱為混合成本（hybrids），也就是說這些成本有部分認列為費用，部分認列為資產。

軟體開發成本資本化

常會在資產負債表上找到這樣的營運成本，特別是在科技公司中，這是開發軟體為主的產品所產生的成本。軟體研發的早期階段往往會有費用。後期成本（計畫達到「技術可行性」〔technological feasibility〕後所產生的成本）往往會資本化。投資人應該留意將大量軟體成本不成比例資本化的公司，或是改變公司會計政策並開始將成本資本化的公司，尤其是當這些成本與產業慣例不符的時候。

留意軟體資本化的增加

加速讓軟體資本化往往是危險訊號，因為盈餘成長會因為資產負債表保留更多成本而受益。佛羅里達州人力資源軟體開發商奧特摩軟體集團（Ultimate Software Group, ULTI）2011 年沒有任何軟體成本資本化，僅僅在兩年後，軟體成本資本化的金額就達到 1900 萬美元（占研發費用 22％）。資本化後的成本相當可觀，占 2013 年總銷售金額將近 5％、公司 4300 萬美元營業利益的44％。這種做法把大量成本轉移到資產負債表，而且誇大獲利。

留意預付款的成長

以點心食品鑽石食品公司（Diamond Foods, DMND）為例，這 是 Emerald 堅 果（Emerald nuts）、Pop Secret 爆 米 花（Pop Secret popcorn）、Kettle Chips 的銷售商。隨著 2010 年初核桃價格的飆升，鑽石食品公司發現要為那年核桃價格的上漲補償核桃供應商。面對投資人施壓要求延續十一季的出色業績表現，財務長史蒂文・尼爾（Steven Neil）制定一項計畫，公司付錢給種植核桃的農夫，向他們收購 2009 年全部的收成，但是他們稱這項費用為隔年收成的「預付款」。這種花招給尼爾正當的理由，他必須把資產負債表上的費用資本化，而不是把這些費用視為當年的支出。儘管有這種偷偷摸摸的把戲，種植核桃的農夫知道這項費用真的不是 2010 年收成的預付款，而是與 2009 年已經交付收

成的相關款項。

真相最終會出現，因為投資人的仔細檢視導致內部調查。鑽石食品公司在 2012 年 11 月重新公布業績，適當的計入收購核桃的成本，而且公司的股價從 2011 年的 90 美元高點大跌到 17 美元。美國證券交易委員會最後控告公司與財務長尼爾詐欺。

▌ 不當的將成本資本化也會誇大營運現金流

正常的營運成本會反映出營運現金流出，而資本化的成本通常會呈現在現金流量表投資活動中的資本支出。藉著將正常的營運成本資本化，公司誇大的不只有盈餘，還有營運現金流。我們會在第十一章〈現金流舞弊手法 2：將營運現金流出移至其他項目下〉介紹這個主題。

2. 攤提成本太慢

嗯，在準備好跳著兩步會計舞蹈的第二步時，請穿上舞鞋。現在，我們已經完成第一步，將這些成本資本化，但是相關的業務收益還沒有實現。第二步涉及將這些成本認列為費用，把它們從資產負債表轉移到損益表。

成本的性質和相關收益的時間點，決定這項成本留在資產負

債表的時間。舉例來說，購買或製造存貨的支出會留在資產負債表上，直到存貨被賣出、認列收益為止。另一方面，購買設備或製造設備的支出提供更長遠的利益。這些資產在使用壽命期間一直保留在資產負債表上，在這段期間，它們會透過折舊或攤銷逐漸成為費用。

如果成本以資產的形式保留在資產負債表上太久，投資人就應該要更加關注，這可以從攤銷期異常過長來證明。此外，如果管理階層決定延長攤銷期間，應該會發出響亮的警告訊號。

▌ 小心為了增加收益而延長攤銷期間的公司

還記得我們在美國線上的朋友如何花大錢來取得新客戶嗎（如表 6-2）？我們討論 1994 年的會計變更，把原因歸咎在廣告成本的大幅資本化，而且決定接下來以 12 個月來分攤費用。這種積極的資本化完全誤導投資人，讓他們相信公司雖然繼續流失現金，而且承擔實際的經濟損失，不過還是會一直獲利。

對於投資人來說，不幸的是，這個故事並沒有因為一個花招結束。從 1995 年 7 月 1 日開始，美國線上決定將爆增的行銷成本以加倍的時間攤銷，攤提期間從 12 個月增加到 24 個月。延長攤銷期間意味著成本停留在資產負債表的時間更長，每一期的費用減少到只有一半的影響。只是這樣的變化就讓獲利膨脹 4810

萬美元（財報**從虧損 1830 萬美元變成獲利 2980 萬美元**）。這項簡單的會計調整有助於美國線上向投資人隱瞞巨額的虧損。

　　但是仔細檢視現金流量表就會發現問題。實際上，美國線上在 1996 年 6 月的淨利是 2980 萬美元，遠高於營運現金流出的 6670 萬美元，短缺的金額驚人的高達 9650 萬美元。投資人如果仔細閱讀附注，就會注意到行銷成本的積極資本化使營業利益和淨利誇大（見表 6-4）。如果將招攬顧客成本以更典型的方式視為支出，美國線上會蒙受高額的營運損失與淨虧損（分別是 1 億 5480 萬美元與 1 億 2420 萬美元），肯定會導致股價修正。

表 6-4　美國線上 1996 年的財報結果與調整結果

（百萬美元）	財報數字	調整差距	調整結果
營業利益	82.2	(237.0)	(154.8)
淨利	29.8	(154.0)	(124.2)

▌特別小心藉由延長折舊期間來讓所得大幅增加的公司

　　選擇過長折舊與攤銷期間的公司通常會被認為犯下使用積極會計做法的過錯。但是更嚴重的罪刑是公司**將這些期間拉得更長**。這通常顯示公司的業務可能遇到麻煩，不由得改變會計假設來掩護經營惡化的情況。不論管理階層如何試著證明這樣的改變有多合理，投資人都應該要當心。

以英特爾在 2015 年修改製造設備折舊期間的做法為例。基於內部審查規範，管理階層決定假設可用年限應該從四年延長到五年。隨著產業競爭加劇所帶來的壓力，光是這樣的變化就讓公司 2016 年的折舊費用減少約 15 億美元，將近一半的收益可以計入毛利。

儘管英特爾可能有合理的理由來得出新估計值（管理階層引用更長的產品生命週期和增加機器再利用），但在特定時間點做出更改決定的決策通常顯示企業有潛在弱點，或是管理階層對於未來的焦慮。強健並充滿自信的公司不太可能修補這類只能帶來表面利益的會計假設。

留意存貨成本攤銷緩慢的公司

在大多數的產業中，將存貨變成費用的過程很簡單：當銷售產生時，存貨就會轉變成費用，稱為「銷貨成本」。但是在某些企業中，確定何時或如何將存貨轉變成費用的做法更為複雜。

例如在航太產業中，全新噴氣式戰鬥機的初期開發成本可能相當可觀，也許一開始會在資產負債表中列為存貨，之後將飛機交給客戶後才攤銷。

典型案例：命運多舛的洛克希德三星客機計畫

洛克希德（Lockheed，後來與 Martin Marietta 合併成為洛克希德馬丁公司〔Lockheed Martin〕）提供一個很好的例子，說明決定攤銷新飛機的開發成本有多困難。舉例來說，飛機製造不像傳統零售商在產品賣出時將銷貨成本快速攤銷到存貨成本，而是將開發成本以多年的時間放在資產負債表的存貨上，因為開發和製造飛機需要多年的努力。

在 1970 年代和 1980 年代初期，洛克希德公司投入數十億美元來開發新飛機，稱為三星客機（TriStar L-1011）。用在飛機上的會計做法稱為「計畫法」（program method）。隨著計畫中每架飛機的賣出（最初估計總共有 300 架飛機），洛克希德會假定一個與實際生產成本無關的平均成本。因此，任何（根據估計）**大於指定成本**的實際成本都會被資本化，直到生產成本曲線下降為止。由於洛克希德公司預期生產後面飛機的成本會比平均成本低，因此先前資本化的超額成本會被攤銷到後期交貨這些最新（而且有利可圖）的飛機上。理論上來說，這聽起來不錯，當然，除非每架飛機增加的成本總是會超過增加的營收。不幸的是，對洛克希德公司來說，情況的確如此。

到了 1975 年底，洛克希德公司在「生產成本曲線」資產帳戶中的存貨已經累積約 5 億美元的成本，而且命運多舛的三星客機計畫沒有顯示出任何獲利的跡象。的確，情況持續在惡化，

1975-1981 年累積的損失總計有 9.74 億美元（見表 6-5）。厄運臨頭的徵兆已經出現，而且洛克希德公司開始減記「全部」5 億美元的一些費用。但是它並沒有在損失幾乎確定的時候就減記全部的金額，而是使用「分期付款計畫」，每年以 5000 億美元的速率減記（即使公司持續在三星計畫中公布驚人的損失）。

表 6-5　洛克希德公司：從三星計畫產生的每年損失

（百萬美元）	1975	1976	1977	1978	1979	1980	1981	總計
三星計畫損失	94	125	120	119	188	199	129	974

　　計畫會計法不只是過往的會計花招，在今日仍然可以在最大的航空公司上看到。就像洛克希德公司 1970 年代使用在三星客機的計畫上，波音公司也在最先進的 787 夢幻客機（787 Dreamliner）上使用計畫會計法。波音在 2003 年開始開發夢幻客機，但是直到 2011 年才開始交機給客戶。在這個過程中出現很多生產與開發問題，這些問題嚴重影響公司交機的時間表，而更有趣的是，計畫會計法估計到這樣的影響。舉例來說，在幾次試飛失敗之後，2009 年，波音公司減記將近 25 億美元的計畫會計存貨成本，而且不再預期這些成本可以回收。波音公司最後還是解決主要的開發問題，並在 2010 年代初期加快生產速度，產生大量計畫會計存貨。到了 2015 年 12 月，波音在資產負債表上累積高達285億美元這類的生產成本，要在未來幾年認列為營業成本。

3. 沒有減記減損的資產價值

到目前為止，我們已經警告過對兩步會計舞弊的兩種濫用。第一節討論在需要兩個步驟時只採取一個步驟（也就是將應該費用化的成本不當的資本化）。第二節討論的是太慢採取第二步驟的方法（也就是將資產以使用壽命更長的期間來攤銷）。在這一節，我們要警告第三種濫用：讓舞步停在第一步和第二步中間。也就是沒有將已經適當資本化的成本認列為費用，但是在已經得到預期收益前降低成本的價值。

▌沒有減記減損的廠房資產

對公司而言，只是按照僵固的時間表來折舊固定資產，而且假設沒有任何事情可以更改計畫是不夠的。管理階層必須持續檢視可能價值減損的資產，而且在假定未來收益會低於帳面價值的時候認列費用。為了說明這一點，以一個管理階層最初假定可以使用十年、但是在第五年就完全損壞的設備為例。一旦設備停用，原始的折舊時間表就應該拋棄，而且剩下的資產餘額應該立即移到費用項目。相反的，如果公司繼續選擇按照原來的 10 年計畫來對這項資產折舊，就無法將接下來已經價值減損的成本適當的資本化。毫不奇怪的是，宣布大型重組費用的公司（操弄盈

餘舞弊手法7）往往會在無法更早減記價值減損的資產之後，試著「整頓組織」。

▌無法減記過時的存貨

在預期產品可以銷售給客戶的時候，公司自然會增加存貨。但有時產品的需求並沒有辦法符合公司的預期。結果，公司不得不降價來消除沒那麼暢銷的存貨，否則就必須打消全部的庫存。管理階層必須定期估計「多餘與陳廢」的存貨（"excess and obsolete" inventory），而且藉著認列費用來相應的減少存貨量（通常稱為「存貨報廢費用」〔inventory obsolescence expense〕）。但是與固定資產（例如設備）的折舊不同，公司並沒有確切減少存貨的預定比例。因此，這些調整受到更高階管理人員的裁量與潛在操縱的影響。

管理階層可能會因為無法認列多餘和陳廢的存貨來誇大盈餘。但是，這種過失會再次影響公司，因為當存貨以極低的折扣賣出（或扔進垃圾堆）時，就會有收益壓力。投資人應該監控公司的陳廢費用（與相關的存貨準備金），確保公司不會藉由改變估計法而誇大獲利。不論管理階層為了認列較低的費用有多麼合理，產生的影響都是人為誇大盈餘。

Vitesse 半導體公司（Vitesse Semiconductor）在 2002 年與

2001 年分別認列 3050 萬美元與 4650 萬美元的費用後，簡便的決定 2003 年不去認列陳廢存貨的費用。毫無疑問，Vitesse 在 2003 年沒有認列陳廢費用的決定，有助於在銷售量只增加 3% 的情況下讓毛利加倍（從前一年的 4160 萬美元增加到 8320 萬美元）。我們會在本章後面回頭核對 Vitesse 的數字，來了解這對公司而言產生什麼結果。

留意無預期的存貨增加

投資人應該藉由計算存貨週轉天數（days' sales of inventory, DSI）來監控公司的存貨水準。就像第三章介紹的，應收帳款週轉天數可以將應收帳款以某個時期的營收進行標準化，存貨週轉天數則可以將某個時期的存貨餘額相對於賣出的存貨數量（也就是銷貨收入）進行標準化。這個計算可以幫助投資人確定存貨的絕對水準增加是否與整體的事業成長一致，或者是出現獲利壓力的前兆。

有時，一家公司會在預期需求增加與銷售快速成長的期間增加存貨。儘管這可能是完全合法的商業策略，但是公司常用這樣的藉口來證明不適當的存貨成長是合理作為。當以這種理由來解釋增加的存貨時，投資人應該要確定這個策略是否在存貨增加之前就已經先計畫好，或是是否這個策略是在事後才產生，作為存貨增加的防禦措施。如果之前沒有提到這種成長策略，投資人應

該抱持懷疑的態度。

可以用一種額外方法來測試是否是因為即將出現的需求而讓存貨合理增加：只要比較存貨成長與公司預期營收成長的絕對數字。如果存貨成長的速度遠遠超過預期銷售成長，存貨暴增可能是不必要的，而且投資人應該要關注。

4. 沒有將無法收回的應收帳款與價值減損的投資認列費用

回顧本章前面討論的兩大類資產：由管理階層預期會產生未來利益的成本所創造的資產（例如存貨、設備和預付保險費），以及從銷售或現金等以投資交換的資產所創造的資產（例如應收帳款與投資）。本章前三部分介紹一些由第一類資產流向資產負債表的招數，或是像我們介紹操縱兩步驟的會計舞。在本章的結論部分，我們專注在介紹在其他資產類型上操作的花招。具體來說，我們會顯示公司可以在資產價值產生明確損失時，藉由不把這些資產轉換成費用來誇大盈餘。

一些幸運的公司總是會有付清自己帳單的客戶，而且只持有價值永遠不會貶值的投資。這樣的公司的確很少見。大多數公司的投資組合中都會有一定數量的賴帳客戶與偶爾出狀況的客戶。唉呀，即使是巴菲特有時也會投資失敗。

發生這種情況時，公司不能只是閉上眼睛祈禱所有的應收帳款最後都可以回收。會計原則需要定期將某些資產減記到淨變現價值（net realizable value，會計術語，指的是期望可以得到的實際金額）。應該根據估計的呆帳費用，針對每一期的應收帳款進行減記。同樣的，放款人應該在每一季認列費用（或貸款損失），來計算預期借款人的呆帳金額。此外，在投資價值持續減損時，必須藉著認列價值減損的費用來減記投資金額。沒有承擔這些費用，就會導致獲利誇大。

沒有針對無法收回的客戶應收帳款保留準備金

公司必須定期調整應收帳款餘額來反映預期的顧客違約。這需要在損益表上認列一項費用（呆帳損失〔bad debts expense〕），並減少在資產負債表上的應收帳款金額（抵銷應收帳款總額的「備抵壞帳」〔allowance for doubtful accounts〕）。無法認列足夠的呆帳費用，或不當的沖銷過去的呆帳費用，都會人為的創造獲利。

留意呆帳費用下降

我們在 Vitesse 半導體的朋友必定很簡便的忘記應計費用的定義。在上一節我們看到 Vitesse 在 2002 年認列 3050 萬美元的費

用之後，在 2003 年沒有認列任何陳舊存貨費用。公司還決定在前一年產生 1430 萬美元的營收後，只認列 190 萬美元的呆帳費用。為了多減少估計的銷售報酬費用，Vitesse 在 2003 年期間估算的費用只有 220 萬美元，而 2002 年這樣的費用有 4990 萬美元。如果 Vitesse 產生與前一年營收比重相同的費用，那麼公司的營業利益會減少將近 5000 萬美元。對一家年營收只有 1.62 億美元的公司來說，這些花招都嚴重誤導了投資人。因此，董事會在 2006 年調查時發現一堆會計問題就不足為奇了，其中有許多會計問題涉及營收和應收帳款不當的會計處理。

> **TIP** 當所有準備金都朝錯誤的方向發展（即下降）時，就要趕快避開。

留意備抵呆帳金額下降

在正常的商業條件下，一家公司備抵呆帳（Allowance for Doubtful Accounts, ADA）的成長速度會跟應收帳款總額的成長速度一樣。備抵金額的大幅下跌，加上應收帳款的增加，通常會顯示一家公司沒有認列足夠的呆帳費用，因此誇大盈餘。

出版商學樂集團（Scholastic Corporation）就出現備抵呆帳金額下降的情況。它的應收帳款餘額在 2002 年會計年度跳升到 5%，但是備抵呆帳卻下降 11%。按比例計算（也就是備抵呆帳

占應收帳款的比例），備低呆帳從 2001 年的 24.1％下降到 2002
年的 20.4％。如果學樂集團將備抵呆帳比例保持在 24.1％，那麼
2002 年的營業利益將會減少 1130 萬美元。就像 Vitesse 一樣，學
樂集團也減記其他幾項準備金，包括陳舊存貨準備金（inventory
obsolescence reserve）、預付特許權使用費準備金（royalty advances
reserve），以及跟近期併購相關的準備金。

▌ 放款機構沒有為放款損失提列充足的準備金

　　金融機構和其他放款人必須不斷估計有多少部分的貸款永遠
無法回收（稱為「放貸損失」〔credit losses〕或「貸款損失」
〔loan loss〕）。這種應計制會計做法基本上反映在當應收帳款無
法收回時使用的準備金。放款機構在損益表認列費用（稱為「放
貸損失準備」〔provision for credit losses〕或「貸款損失費用」
〔loan loss expense〕），並在資產負債表上認列應收貸款總額的減
少（稱為「備抵貸款損失」〔allowance for loan losses〕或「貸款
損失準備」〔loan loss reserve〕），顯示總貸款資產的抵銷金額。
　　理想情況下，貸款損失準備的金額應該足以支應目前銀行認
為的客戶違約金額，或是根據財報結算時可能的違約金額。每年
從收益扣除的額外準備金應該足以將準備金維持在適當的水準
上。但是，如果管理階層無法準備足夠的損失金額，獲利就會被

誇大。當貸款品質變糟，這種高估的情況最終會追上公司提出的準備金，接著公司就會被迫減記不良貸款。

留意貸款損失準備的減少

接近 2008 年金融危機痛苦的房地產崩盤時，許多放款機構沒有為不良貸款建立足夠的準備金，對投資人隱瞞公司的損失。放款給風險最大客戶（也就是所謂的次級房貸市場）的放款機構曝險特別大。次級房貸的借款人不僅還款信用記錄欠佳、沒有收入證明，還擁有大量債務，但往往都會得到大量的貸款。當這些不良貸款人中有很多人都拖欠還款時，次級房貸市場最終還是崩盤了。

隨著放款機構開始看到借款人違約與拖欠增加，他們應該相應的增加準備金。然而這些公司不願意認列必要的費用來增加準備金（甚至將準備金維持在相同的水準上），因為這意味著在表面上看來似乎都是充滿活力的多頭市場下，市場呈現出的盈餘降低。

新世紀金融公司（New Century Financial，第一家在金融危機期間破產的次級房貸公司）在 2006 年底完全違反常理，在面對更高的拖欠率與非應收（不良的）貸款持續增加時，減少貸款損失準備。2006 年 9 月為止那季，新世紀金融公司驚人的將貸款損失準備從 2.1 億美元（占不良貸款 29.5％）降至 1.91 億美元

（占 23.4％）。管理階層似乎已經意識到這樣的舉動並不適當，因為公司混淆財報公布時所呈現的貸款損失準備，讓人看起來準備金還在增加。（我們會在 PART4〈關鍵指標舞弊〉探討創新的重要指標操縱手法。）如果公司將貸款損失準備保持在前一季相同的應收貸款比例，2006 年 9 月的每股盈餘會**減少 58％**，從提報的 1.12 美元變成 0.48 美元。

　　監控新世紀金融公司貸款損失準備金的投資人會得到警告，知道公司已經面臨生死緊要關頭。2007 年 2 月初，在預定公布第四季財報的前一天，公司宣布重新計算 2006 年前三季的盈餘。股價直線重挫，兩個月後，新世紀金融公司申請破產。隨之而來的是對公司的訴訟，以及美國證券交易委員會控告高階經理人觸犯證券詐欺罪，在業務惡化時誤導投資人。

危險訊號！
相對於壞帳（非應收貸款或不良貸款）的貸款損失準備金下降。

當公司借錢給客戶時要格外小心

　　有時公司會透過內部客戶融資計畫直接借錢給客戶。這些安排需要進行額外的審查，確保公司不會藉由借錢給無法償還貸款的顧客來誇大銷售。舉例來說，一家陷入困境、積極追求銷售成長的公司可能會決定放寬放款條件，而且到晚一點才擔心壞帳。

以徽記珠寶（Signet Jewelers）為例，徽記珠寶擁有許多珠寶零售品牌，包括 Kay、Zales、Jared 和 H. Samuel。2015 年會計年度，公司銀飾部門有 61％的銷售金額來自公司內部客戶的融資。比前一年利用信貸購買的 58％和過去 10 年中低比例的 50％大幅提高。客戶貸款增加，幫助公司達到同店銷售成長的目標，但不幸的是，這樣的成長證明是短暫的。2017 年會計年度，信貸成長放緩，而且徽記珠寶的財報顯示，這是自金融危機以來，同店銷售成長首次出現負成長。

▋ 沒有減記價值減損的投資

公司也必須審視不成功的投資組合。如果一項在股票、債券或其他證券的投資出現價值永久下跌，公司就必須認列減損費用。這項原則適用某些產業，像是保險業和銀行業，它們的投資占資產很大一部分。

投資人應該要注意在市場衰退期間沒有承擔價值減損的公司，例如在 2008 年全球金融危機時，幾乎所有資產類型都重挫，導致整個公司的投資組合都產生損失的情況。

就像你可能想像到的情況，許多公司都會否認投資組合的價值大幅下降，而且認為沒有必要減記。最初，許多金融機構幾乎沒有為這些價值下降的投資資產負擔任何費用。但是，隨著經濟

衰退加劇，公司變得更難忽略現實情況，而且更難證明維持資產負債表上這些資產的過高價值是合理的做法。那時，投資人看到需要減記的龐大費用，因為它們投資的公司最終要服下先前避免服下的藥丸。

留意讓造成虧損的價值受損資產消失的技巧

日本相機製造商奧林巴斯（Olympus）的大規模財務詐欺是從相當良性的狀態開始，公司在 1980 年代和 1990 年代初進行高風險投資。最初，這些投資按照原始成本顯示在資產負債表上。但是由於投資價值下降，奧林巴斯沒有適當的減記價值。最後管理階層決定使用各種詐欺技巧來隱藏這些損失，這種詐欺技巧稱為「tobashi 計畫」（tobashi schemes）。Tobashi 是「飛走了」的意思，它描述一家公司出售或以其他方法將虧損的投資從帳目上刪除，然後把這些虧損的投資移到另一間公司，對投資人掩蓋虧損真相的做法。從這種意義上來看，損失就這樣消失，或「飛走了」。

在 PART5〈併購會計舞弊〉中，我們會詳細介紹奧林巴斯的詐欺行為，概述公司利用特殊技巧，用併購和撤資作為掩護，隱藏將近 20 億美元的損失。

展望未來

第七章與這章不同，討論的是使用一步流程的成本。從概念上來看，以合乎邏輯的方式所產生的所有成本都會提供一些經濟利益，只有短期利益（像是租金）的成本永遠不會出現在資產負債表上，而是會立即顯示為費用。操弄盈餘舞弊手法5顯示管理階層對投資人隱藏這些費用的技巧。

利用其他技巧來隱藏費用或損失

向國稅局報稅時，如果沒有報告所有費用是很笨而且毫無意義的事，因為這只會換來更高額的稅單。如果你正在耍花招欺騙股東，讓他們認為公司的獲利比實際獲利還強勁，這也很笨，但非常有用。第六章介紹管理階層如何試著隱藏資產負債表上的成本，並假裝這些成本是真正的資產。這章介紹一個投資人更難檢測到的舞弊；當管理階層藉著沒有認列真正的成本，或是不當降低費用化的金額來壓低費用。管理階層會開始試著使用這種舞弊手法真是太神奇了，更令人訝異的是，他們往往可以逍遙法外。

在上一章中，我們討論具有長期利益的某些成本最初如何認列為資產負債表上的資產，而擁有短期效益的其他成本如何立即

認列為費用。我們發現監控資產、費用和資本化政策的趨勢是一個有用的方法，可以逮到不當將成本留在資產負債表上而誇大盈餘的公司。相反的，只提供短期利益的成本根本不會出現在資產負債表上，因為它們會立刻變成費用。這章專注在介紹管理階層只決定要隱瞞投資人這些有短期利益成本的相關技巧。

> ▶ **利用其他技巧來隱瞞費用或損失**
> 1. 沒有從目前的交易認列適當金額的費用
> 2. 使用積極的會計假設來不當認列過低的費用
> 3. 從以前的費用中釋放準備金來減少費用

1. 沒有從目前的交易認列適當金額的費用

第一項技術瞄準藉由不認列會產生費用的實際義務（例如租金）來降低當期的總費用。

▌沒有認列本季底收到發票相關的整個交易

隱瞞費用最簡單的一個方法是假裝到當季結束才看到供應商的發票。舉例來說，如果沒有認列在 3 月底收到的當月電費帳單，就會導致費用（與相關的應付帳款）低報，因此使收益

高估。

沒有認列期末費用的一個好例子可以從符號科技公司上看到。符號科技公司在 2000 年 3 月結束那季發給員工獎金，但沒有認列支付 350 萬美元與「聯邦保險稅法」（Federal Insurance Contributions Act, FICA）相關的保險義務。取而代之的是，當支付現金時，公司（不當的）決定在後期才認列費用。由於無法適當的在 3 月認列「聯邦保險稅法」的費用，使得符號科技公司那季的淨利高估 7.5％。

▌ 從朋友那裡得到一點幫助

有時，聰明的管理階層可以從供應商等第三方尋求幫助，使提報的費用明顯變少。這種人為減少費用並增加獲利的方法涉及從供應商那裡得到假回扣。當然，這種舞弊需要供應商的協助。運作方式如下。

你可以告訴供應商，你會同意在隔年購買 900 萬美元的辦公用品，而且你會支付 1000 萬美元的較高價格。交換的是，你要求供應商在簽約時預先付給你 100 萬美元的「回扣」。然後你不當的認列回扣，立即減少辦公室費用。藉著使用這個花招，你可以藉由收到 100 萬美元來誇大營收，這 100 萬美元原本應該被認列為未來以較高價格購買辦公用品所減少的金額。

以日昇醫藥公司（Sunrise Medical）與一家供應商的交易為例，日昇醫藥公司與供應商設計一項交易，要從那年的採購中收取 100 萬美元的回扣。那對供應商有什麼影響？嗯，日昇醫藥公司同意提高隔年的採購價格來抵銷回扣費用。這項「附帶協議」的執行隱藏這個不法的勾當。日昇醫藥公司將這項回扣認列為費用減少，但沒有向投資人或審計人員揭露供應商把這個回扣與未來採購價格上漲掛勾。

> **TIP** 始終要以懷疑的態度來查看從供應商那裡收到的現金。現金通常會流往供應商，而不是從供應商流入，因此，從供應商那裡不正常的現金流入也許是有財務舞弊的訊號。

留意異常龐大的供應商貸款或回扣

新泰輝煌公司將供應商回扣的概念帶到完全不同的水準。公司從主要供應商（歌林公司）收到各種供應商「貸款」，就像我們在上一章討論的情況，而這個供應商也是公司的主要股東。新泰輝煌公司將這些供應商貸款認列為銷貨費用的減少，自然對盈餘帶來好處。但問題是，這些貸款並非普通的信貸。這些貸款的規模絕對令人震驚，在新泰輝煌公司短暫上市的歷史中，這些信貸超過公司所有的毛利。

具體來說，在 2005 年 12 月至 2007 年 6 月間，公司有 1 億

4270 萬美元的毛利，包括來自歌林公司總計高達 2 億 1470 萬美元的驚人信貸。此外，公司從來沒有從這些信貸中收到現金，它們只是記在帳目上而已。結果，新泰輝煌公司展現可觀的獲利能力，但卻顯示出有嚴重的營運現金流流出。即使是新手投資人都可以辨認出這項計謀。快速檢查盈餘品質就會發現現金流和淨利有龐大的差異。此外，勤奮的投資人會在財報附注中發現異常龐大的供應商信貸與重大的關係人交易。

警惕沒有為意外損失提撥費用的公司

有時，管理階層可能需要建立應急準備，並為未支付、尚未解決的紛爭認列費用（或損失）。會計原則要求當出現（1）可能會出現損失，以及（2）損失金額可以合理估計這兩個條件時，應該為這類意外事件（例如與訴訟或稅務糾紛有關的預期費用）預先提撥損失。

切記要查看資產負債表外的購買承諾

歷史交易產生的現有義務會列在資產負債表的負債上。此外，如上所述，某些或有款項（contingent payments）的負債有時會預先列為負債。然而，公司擁有的**未來**義務和意外事件要如何處理？例如，公司也許會同意接下來兩年購買存貨，或者公司也許已經承諾要為一項計畫或長期房地產租賃提供資金。

儘管往往無法取消這些購買義務，但它們往往會被排除在資產負債表的負債項目之外，因此被視為「資產負債表外」（off-Balance-Sheet）的負債。但是，管理階層被要求在財報附注上揭露這些重大承諾。這些義務儘管沒有反應在資產負債表上，卻可能為公司帶來厄運。沒有注意到它們的投資人可能會面臨嚴重的風險。

會計錦囊 **非應計的或有損失**

　　有些義務只會在財報附注揭露，而且不會對盈餘產生影響。但是，投資人應該要密切注意在財報附注或管理階層的討論和分析欄目中談到的任何承諾與意外事件。有時候，沒有為承諾和意外事件認列的負債，比資產負債表上認列的負債更加重要。

---

2. 使用積極的會計假設來不當認列過低的費用

　　這個技巧證明管理階層在選擇會計政策和估計時的彈性，如何能成為隱藏費用的工具。提供退休金和其他退休福利給員工的公司可以藉由減少認列費用的方式來改變會計假設。同樣的，出租設備的公司可以做出各種影響財報負債與費用的估計。管理階層可以藉著改變會計或精算的假設來操縱盈餘（或減少負債）。

▌藉由改變租賃假設來增加收入

租賃會計為管理階層提供另一個能捏造估計來幫助營收誇大的假造空間。當迪爾公司（Deere & Company）將農業設備租給農業客戶時，公司可以收到議定的租金收入，而且主要認列的費用是出租設備的折舊。這聽起來相當簡單，但是這就是可以開始捏造的地方。折舊費用是資產一開始出租的價值（最初價值）與出租結束時的價值（殘值）的函數。這兩個價值的差距會平均分配到整個出租期間。

但是，可以藉由任意增加指定殘值的部分來減少最初價值和最終價值的差距（也就是未來折舊的總費用）來玩個會計遊戲。簡而言之，由於殘值代表不會折舊的部分，這個遊戲可以指定更高比例的殘值。

2012 年，迪爾公司估計，出租設備的殘值總共是最初價值的 55％，因此最初成本的 45％ 要折舊。然而，在接下來每一年，這個估計數字一直增加，到 2015 年達到 63％。藉著增加估計的殘值數字，公司現在只要折舊最初價值的 37％（比 45％ 還低）。因為殘值估計的細微改變，迪爾公司大幅降低折舊費用，並人為拉高毛利和營業利益。

▍自我保險的準備金

有些公司不願支付昂貴的商業保險費（舉例來說，提供給員工的醫療保險或失能險），因此它們決定改以「自我保險」（self-insure）還規避特定風險。採取自我保險的公司本質上就像一家小型保險公司：它們建立一檔基金，相信這檔基金足以支付保險理賠金，而且認列每期所需的費用。

自我保險的負債應該要多大？而且每一季應該預先提列多少保險費？嗯，當然這個答案取決於估計。透過簡單的調整這些估計或更改假設，管理階層就可以大大提高收益。

小心自我保險假設的改變

出租中心公司（Rent-A-Center）是一家大型先租後買的零售商店經營者，決定自己負擔勞工賠償、一般責任與汽車責任保險。2006 年 6 月，出租中心公司決定更改用來計算當年自我保險應付費用的精算假設。公司不再使用先前只以一般產業損失假設的方法，現在還包括基於自己損失經驗而內部開發的假設。無論這種改變有何優點，它都為出租中心公司帶來一次性的盈餘成長。光是這種改變所提供的盈餘成長就超過後來四季的盈餘。

▌藉由改變退休金假設來增加收益

　　為員工提供退休金的公司每一季都必須認列費用，作為在這個計畫下產生的額外成本。退休金費用通常不會在損益表中明確顯示，相反的，它只會跟其他的員工薪資成本放在一起（通常是銷貨或銷售成本、一般費用或管理費用的一部份）。投資人應該仔細檢查財報附注裡針對退休金的會計假設，因為它們讓管理階層有相當大的裁量權，可以用來減少（或甚至消除）費用。

留意退休金預估和假設的改變

　　計算退休金費用有幾個必須使用的重要精算假設，包括折現率、死亡率、薪資成長率，以及預期資產報酬等等。公司通常會在財報附注上揭露這些假設的改變。只要閱讀針對退休金的附注就可以發現這樣的改變。舉例來說，納威斯達國際公司（Navistar International Corp.）在 2003 年揭露對退休金計畫的重組，公司將計畫參與者的餘命假設從 12 年改變為 18 年。藉著假設餘命的增加，納威斯達以較長的期間分散「無法確認的損失」（unrecognized losses），並因此減少 2600 萬美元的退休金費用（並誇大收益）。

注意衡量日期的改變

　　只是簡單改變退休金計畫衡量日期的指定月份，就可以誇大

獲利。舉例來說,在 2004 年,雷神公司(Raytheon Co.)將衡量退休金計畫的日期從 10 月 31 日改變為 12 月 31 日。這個簡單的改變導致淨利增加 4100 萬美元(每股盈餘增加 0.09 美元),這大約占雷神公司全年盈餘的 10%。

留意超大的退休金收益

有時公司會落入似乎根本沒有意義的結果,像是**負數的退休金費用**。當投資退休金計畫資產的預期收益變得比經營退休金計畫每年增加的成本還大,因此產生**退休金收益**時,這種現象就會出現。什麼情況會導致這種結果?對於擁有大量計畫資產的公司而言,高額收益可能會產生可觀的退休金收益。通常,這些情況會在擁有大量舊退休金計畫、而且很少有(或沒有)新員工加入這個計畫的公司中產生。

舉例來說,朗訊公司在 2004 年認列的退休金收益超過 11 億美元,幾乎占營業利益的全部金額(91%)。此外,從 2002 至 2004 年,朗訊公司的**退休金收益**總計為 28 億美元,而累積的營業損失為 60 億美元。就跟大多數公司一樣,朗訊公司選擇不在損益表上單獨列出退休金費用(或收益)。結果,沒有閱讀退休金附注的投資人就會錯過這個至關重要的訊息。

3. 從以前的費用中釋放準備金來減少費用

收取特殊費用的一個好處是可以誇大未來的營業利益，因為透過這項費用，未來的成本已經減記。（這個問題會在第九章〈操弄盈餘舞弊手法 7：將未來費用移到當期〉中討論。）收取特殊費用的第二項好處是，由費用產生的負債能在後期輕鬆釋放為盈餘的準備金。

準備金有不同的樣貌與規模，而且全都可以在資產負債表上找到。在第六章，我們強調認列在資產負債表上用來抵銷資產的準備金，包括備抵壞帳、備抵貸款損失、過時存貨準備金（inventory obsolescence reserves）。在本節中，我們討論認列在負債上、代表另一方義務的準備金。應計制會計法（accrual accounting）要求公司為已經發生、但尚未支出的費用（像是擔保金）建立準備金，但是這些準備金很容易被濫用來操縱盈餘。

會計錦囊 誇大今天的負債也許會誇大明天的獲利

就像收益一樣，負債通常有信貸餘額。這對想要誇大未來獲利的管理階層來說相當重要，而且有潛在價值。這項計畫實際上相當簡單：創造一個擁有理想信貸盈餘的偽造負債，然後在有必要的時候進行一項會計分錄，將信貸從負債轉移到費用科目，藉此減少費用，並提高獲利。

▌世界通訊釋放準備金來降低線路成本

上一章我們討論過世界通訊在 2000 年代初期如何積極將線路成本資本化，而不是認列為費用來誇大公司盈餘。嗯，這不只是管理階層用線路成本玩弄的唯一把戲。它還沖銷各種一般準備金帳戶，並認列來抵銷線路成本費用的減少。

留意公司未達紅利目標時的盈餘增加

以總部在巴爾的摩（Baltimore）的運動服裝公司安德瑪（Under Armour）為例，公司試著盡可能隱藏 2016 年業績放緩的情況。儘管那年的銷售金額比前一年驚人成長 22%，不過並沒有達到投資人預期成長 24% 的目標，而且或許更重要的是，毛利下降超過 1.5 個百分點。

然而，這種失望為第四季財報獲利提供一線希望。公司已經在那年的前九個月每個月提撥年終獎金，但是到了第四季，管理階層意識到公司並無法達到關鍵績效指標，而且不會支付紅利。因此，為了更正帳目，並去除先前認列的費用，管理階層在第四季沖銷之前認列的所有紅利費用。這意味著要認列**負** 4000 萬美元的銷售費用、一般費用和行政費用（selling, general, and administrative, SG&A），使每股盈餘增加 0.07 美元。這筆沖銷帳目並沒有明顯揭露，因此第四季的銷售費用、一般費用和行政費

用降低，看起來就像是是管理階層有效管理成本的結果，而實際上這只是因為一次性的會計調整。

留意將重組準備金釋放為收益的情況

夏繽公司擅長使用這項技巧。艾爾・鄧勒普擔任執行長時，著手進行一項大型的重組計畫。因此，公司認列大額的重組費用，因此產生準備金，用在與重組計畫相關的未來支出。然而，根據美國證券交易委員會的說法，夏繽公司認列很多不當的重組準備金與其他「餅乾罐」準備金（"cookie jar" reserves）。這些不當的準備金後來被釋放成為收益，誇大毛利，而且創造成功重組的幻想。

會計錦囊　釋放重組準備

假設公司宣布裁員1000人，並準備總計1000萬美元的遣散費。

增加：	重組費用	1000 萬美元
增加：	遣散費負債	1000 萬美元

六個月後，裁員結束，但是只有 700 名員工失去工作。公司透過減少費用來消除剩餘的負債，並提高收益。

減少：	負債	300 萬美元
減少：	費用	300 萬美元

因此，藉著誇大預估的重組成本，這家公司在消除不必要的準備金（和費用）時，憑空創造 300 萬美元的獲利。公司能夠非常自由的建立大量的重組（或其他）準備金，而且之後在結清這些不必要的費用帳目時誇大獲利。

TIP 在這些負債準備金中，有很多往往會歸類在「軟性」負債科目，有時也稱為「其他流動負債」或「應計費用」，尤其是一般負債。投資人應該密切監控軟性負債科目，而且標記出任何相對於營收數字急遽下降的科目。公司通常會在財報附注討論這些軟性負債。要確保找出這些資訊，而且追蹤個別的準備金。

從朋友那裡得到幫助：邁威爾科技公司巧妙的降低費用

還記得我們之前討論英特爾和邁威爾古怪的雙向交易嗎？英特爾在 2006 年以看似打折的價格將一項業務出售給邁威爾，同時邁威爾同意之後以高於市價的價格向英特爾購買一定數量的產品。就像在第五章的解釋，英特爾顯然低估銷售一次性資產的收益，並誇大更有價值的營收流量（藉由對銷售的產品收取過高的費用），藉此來安排這項交易。

現在，從邁威爾的角度來看這筆雙向的交易。邁威爾實際上是預先支付給英特爾較少的錢來買下這項事業，而作為交換，邁

威爾同意以高價向英特爾買進存貨。聽起來這筆交易似乎會導致邁威爾未來一段時間的盈餘下降，因為公司為了這些存貨付出較高的價錢，但事實並非如此。表面看來，邁威爾藉由在資產負債表上認列一項負債（或準備金），來說明多付出的全部款項，隨著時間經過，邁威爾會提取這些款項來降低銷貨成本（抵銷過高的價格）。邁威爾不需要認列費用去創立這項準備金，因為它已經為了這項併購設定好要購買產品。因此，邁威爾在沒有認列費用下創立一個餅乾罐準備金，並使用這項準備金來抵銷適當的超額付款。確實，這項交易為邁威爾每一季的盈餘提供更多自由裁量權。

管理階層有時無法認列預期成本所需要的必要費用。這些應計費用通常是公司對正常業務營運所產生的例行負債，像是製造商的擔保金估計。通常這些費用是在季底估計與認列。在上一章中，我們介紹應計費用（準備金）的概念，並強調為了資產減少所認列的準備金。在這一節，我們討論的是顯示為負債的預估債務準備。

無法適當認列這些成本的費用，或是沖銷過去的費用，就會誇大盈餘。由於這些費用仰賴管理階層的假設與裁量估計，因此必須產生更多盈餘（而且達到華爾街的預期目標）的所有管理階層要做的就是調整這些假設。為了說明這點，就以戴爾電腦從2003 年至 2007 年會計年度初期一直在使用的舞弊手法為例。戴

爾公司的審計委員會在 2007 年發表一項特殊調查的公開調查結果（如下所示），提供與戴爾在準備金遊戲中一些神奇而生動的詳情（不要跳過這段，因為這裡有些很棒的東西）。

▶ 戴爾公司 2007 年 8 月當期報告中對審計委員會調查結果的討論

這個調查提出與眾多會計問題有關的疑問，其中大多數都涉及各種準備金和應計負債科目的調整，而且認定有證據顯示，特定的調整顯然是出於想要達到財務目標所引起。根據這項調查，這些活動通常都會馬上發生在季底之後幾天，也就是關帳結算當季財報的時候。這項調查發現，有證據顯示，在這段時間，有時會在資深經理人的要求或授意下審查帳目餘額，目的是想要調整帳目，以便達成當季業績目標。調查的結論認為，其中一些調整並不適當，包括創建和發放一些應計費用和準備金帳目，顯然是為了用來增強內部績效指標或財報表現，以及將超額應計費用從一項負債科目轉移到另一項科目，並用剩下的餘額來抵銷之後無關的費用。

留意擔保費用或保固費用的下降

很多公司會把昂貴的保固費用跟自家產品結合起來販售，包含買進產品之後幾年可能會出現的潛在問題。舉例來說，如果你向戴爾購買筆記型電腦，可能會附帶兩年保固，戴爾承諾在這段期間會更換或維修所有故障的零件。

在認列費用前，戴爾不能只是等著看你的電腦會增加多少保固成本，會計原則要求戴爾在銷售產品時認列費用，作為預期未來的保固費用。當然，管理階層可以有很大的裁量權，決定在每一期要認列的保固費用數字。如果選擇的數字太小，獲利就會被誇大，如果選擇太大，獲利就會被低估（而且可能會保留金額以備不時之需）。

實際上，戴爾重編財報的部分涉及對保固負債不當的會計認列，同樣的，審核委員會對於這項發現相當有啟發性，而且在解釋這項機制上有非常出色的表現，我們來讓審核委員會直接教導你。

▶（續）戴爾公司 2007 年 8 月當期報告中對審計委員會調查結果的討論

也有些保固準備金超過保固負債估算流程計算的預估保固負債的例子，這些準備金被保留，沒有適當的釋放到損益表上。此外，在預期未來成本或估計的故障率不準確的情況下，對保固負債估計過程進行特定的調整。

──────── 展望未來 ────────

這章完整介紹管理階層不當誇大**當期**獲利的方法。管理階層可以使用兩種不同的手段做到這點：（1）認列太多營收或一次性

收益，或是（2）認列太少費用。

　　在某些情況下，管理階層可能會選擇剛好相反的策略：縮減當期獲利並將這些獲利移到後期。第八章介紹管理階層不當將營收移到後期的方法，而第九章要介紹將費用不當移到當期的方法。使用這種花招可以讓投資人相信管理階層所編造出「看似強勁」的未來獲利成長。繼續閱讀下去，並學習如何不被這些手段欺騙。

第八章 操弄盈餘舞弊手法 6

把當期收益移到後期

　　這裡提出一個疑問。為什麼上市公司的管理階層會提報**較少的獲利**來誤導投資人？你也許會認為目的是要減稅，對於民營公司來說這可能是正確答案，因為民營公司更在意少繳給稅務人員一些稅。不過，上市公司當然在意節稅，但是它們往往會將更多注意力轉向以平穩而可預期的盈餘成長來吸引投資人。

　　你可以回想第三章〈操弄盈餘舞弊手法 1：提前認列營收〉提到，管理階層會使用那一章的技巧，因為他相信當期業績比未來業績更重要，因此決定將後期的營收移到前期，使營收成長加速。現在讓我們將這個景象轉 180 度，試著想像在某些時候，管理階層也許想要壓低當期業績，來讓後期業績受益。

　　以一家成長迅速但不確定明天會保持相同成長的公司，或是從暴利或大型新合約中獲利的公司為例。投資人當然很愛看到這

些可口的數字，但是他們自然也預期管理階層可以在明天複製、甚至超越現在的表現。滿足這些更高預期的投資人也許令管理階層生畏，使他們覺得不得不使用這章討論的技巧。

> ▶ 將當期收益移到後期的技巧
> 1. 創立準備金，並讓這些準備金在後期變成收益
> 2. 透過不當對衍生性商品的會計認列做法來讓收益平穩
> 3. 創立與併購連動的準備金，並讓這些準備金在後期變成收益
> 4. 將當期的銷售金額認列到後期

1. 創立準備金，並讓這些準備金 在後期變成收益

　　當事業蒸蒸日上，而且盈餘遠遠超過華爾街預期時，公司也許會試圖不報告所有的營收，而是保留一些營收以備不時之需。比如有種情況是，管理階層沒有認列當期某些真正賺得的營收，而是將這些營收存放在資產負債表上，直到之後有需要時才認列。這很容易做到，而且審計人員甚至不會質疑這樣的舉動，因為他們也許認為這種做法「更為保守」。只需要在當期的資產負債表負債欄上增加一個會計科目就可以完成這個企圖，這個科目稱為「遞延收入」（deferred revenue），或稱「未實現收入」

（unearned revenue），然後在後期需要遞延收入（或增加盈餘）時，創造另一個會計分錄來把實際收入移入。（在下面的會計錦囊中會說明這個會計分錄。）

會計錦囊 創造遞延（或未實現）收入

假設一家公司銷售產品得到現金 900 美元，正確的當日會計分錄是：

增加：	現金	$900
增加：	銷售收入	$900

不過，如果管理階層決定在今年對這筆銷售只認列 600 美元，並把剩下的錢藏到明年，那就會認列為：

增加：	現金	$900
增加：	銷售收入	$600
增加：	遞延收入	$300

隔年，管理階層只要簡單把「被攔截的」遞延收入釋放回銷售收入。

減少：	遞延收入	$300
增加：	銷售收入	$300

為了「不時之需」存錢

在 1990 年代末期,軟體巨頭微軟面臨嚴格的審查,美國司法部和負責監督反托拉斯法規的歐盟同行都指控微軟採用反競爭的做法。根據推測,要充分呈現微軟違反反托拉斯法的最後一個證據就是營收與獲利暴增,因為這對監理機關而言已經成為好素材。而公司肯定想要藉著將某些營收推遲認列到後期,然後在資產負債表上以未實現收入將這些營收保留起來。

就像表 8-1 顯示,1998 年 3 月到 1999 年 3 月,微軟的未實現收入金額每一季都增加數億美元。的確,這些準備金在這段期間以倍數增加,從 1998 年初的 20 億美元增加到 1999 年 3 月的 42 億美元。然後在 1999 年 6 月成長突然減緩,公司只增加與認列收入一樣多的未實現收入。

有幾個因素可能會導致這種未實現收入大幅增加,然後突然減少,但當時有個理論是,微軟正在建立準備金以備不時之需。當 1999 年 9 月為止的季營收比上一季下降 6.6％時,投資人質疑壞時機是否已經到來。另一個導致遞延營收下滑的因素是 1999 年 6 月公司改變營收認列政策,導致微軟在一些軟體銷售上事先認列更多的營收。在採用新準則 SOP 98–9 時,微軟決定調整估計,在軟體交付時增加認列的營收金額,並減少認列的未實現金額。(請見微軟揭露的訊息。)不論這項會計政策的更改是否合

表 8-1　微軟每季的未實現收入趨勢

（百萬美元， 除了%以外）	1998/3， 第三季	1998/6， 第四季	1998/9， 第一季	1998/12， 第二季	1999/3， 第三季	1999/6， 第四季	1999/9， 第一季
未實現收入 （最初餘額）	2,038	2,463	2,888	3,133	3,552	4,195	4,239
增加	885	1,129	1,010	1,361	1,768	1,738	1,253
認列收入	(460)	(704)	(765)	(942)	(1,125)	(1,694)	(1,363)
未實現收入 （最後餘額）	2,463	2,888	3,133	3,552	4,195	4,239	4,129
淨增加金額 （扣除認列收入之後）	425	425	245	419	643	44	(110)
與上一季 相較增加比率%	20.9%	17.3%	8.5%	13.4%	18.1%	1.0%	(2.6%)

法，造成的影響是把微軟保留的某些遞延收入釋放出來。

▌連續幾年擴大未預期收益

實際上，很少公司可以在某種程度上呈現出穩定的持續成長，使他們能夠放心的將賺取的數十億營收留到後期，而且仍然能符合華爾街的預期目標。更常見的狀況則是在公司有筆意外之財時，使用操弄盈餘舞弊手法 6。

> ▶ **微軟在 1999 年報中揭露的營收認列資訊摘錄**
> 在 1999 會計年度第四季採用會計原則 SOP 98-9 之後，公司必須改變未交貨要素的公平價值歸屬方法。未交貨要素相對於總合約的比例降低，減少 Windows 和 Office 營收中未實現收入的比

例，增加交貨時認列營收的比例。**Windows 桌機應用程式的營收認列比例從 20％至 35％適當的下降到大約 15％至 25％。至於桌機的應用程式，營收認列比例則從大約 20％下降到大約 10％至 20％。**這個範圍取決於授權的條款與條件，以及零組件的價格。對 1999 會計年度的影響是財報提到的營收增加 1.7 億美元。

將龐大的交易收益移到未來

安隆在 2000-2001 年惡名昭彰的操縱加州能源市場，最終為公司的交易部門取得可觀龐大的獲利。獲利是如此龐大，以至於管理階層決定保留一些獲利到未來幾季，根據美國證券交易所的說法，這麼做是要「隱藏意外交易獲利的數量與波動」。與安隆其他的舞弊手法相比，這個計畫非常簡單：只要延遲認列一些交易獲利，將這些獲利以準備金的形式存放在資產負債表。這些準備金後來派上用場，而且幫助安隆公司在經營更困難的期間避免提報高額損失。到了 2001 年初期，安隆未公開的準備金帳戶金額已經激增至超過 10 億美元。接著公司不當的將數百萬美元的準備金釋放出來，藉此確保達到華爾街的預期。諷刺的是，由於安隆公司在 2001 年 10 月爆發醜聞，或許需要顯示所有過去「以備不時之需」的準備金。那個屋漏偏逢連夜雨的日子肯定在 2001 年 10 月來了，**對投資人來說可以說是迎來了 5 級颶風！**

<u>使用準備金來讓收益平穩是嚴重的違法行為</u>

因為華爾街獎勵穩健與可預測的獲利成長，因此讓收益平穩的做法對管理階層來說並非常見的策略。不過，使用準備金來將收益移到後期就跟提前認列營收（操弄盈餘舞弊手法1）一樣，可能是一項嚴重的收益操弄手法。這兩種情況都會有誤導財務結果的效果。如果提早認列營收，未來收益就會在當期認列；相反的，隨著讓收益更為平穩，當期收益就會移到未來。

2. 透過不當對衍生性商品的會計認列做法來讓收益平穩

經營狀況良好的公司能從事讓收益平穩的舞弊手法，藉此產生美好、穩定、可預測財務數字的假象。以房貸業務巨頭聯邦住宅貸款公司（Federal Home Loan Mortgage Corporation，簡稱房地美〔Freddie Mac，或 Freddie〕）為例，儘管利率有一段時間在波動，但公司期望能夠表現出非常平穩的收益。因此房地美試圖把收益平穩的情況推到極端，並導致 50 億美元的詐欺行為。

▌波動的利率市場，使房地美有更低的可預測性

房地美操弄盈餘的舞弊手法很大程度與公司對衍生性金融商

品工具、貸款手續費（loan origination costs）和損失保證金
（reserves for losses）的錯誤會計手段有關。當正確的數字公布之
後，我們得知這項醜聞有個有趣的事：公司反而低估獲利。2000
到 2002 年，房地美少提報的淨利將近 45 億美元。就像表 8-2 顯
示，房地美讓收入平穩的技巧，使 2001 年和 2002 年提報的盈餘
成長分別是 63% 和 39%，而當時的盈餘成長有更大的波動性，
2001 年是負 14%，而 2002 年是正 220%。

表 8-2　房地美為了會計認列錯誤重編財報

（百萬美元，除了%）	2000	2001	2002	總計
提報的淨利	2,547	4,147	5,764	**12,458**
重編的淨利	3,666	3,158	10,090	**16,914**
重編財報的影響	1,119	(989)	4,326	**4,456**
提報的淨利成長		63%	39%	
重編的淨利成長		(14%)	220%	

　　是什麼導致房地美開始這項工程？嗯，華爾街已經開始期望
這家公司產生穩定、可預測的營收。可是隨著新會計原則
（SFAS 133）在 2000 年實行，對公司帶來挑戰，因為新會計原則
使公司對衍生性金融商品的投資帶來很大的波動。管理階層很快
意識到，會計原則的改變會帶給公司龐大的意外收益。它們最初
估計的收益是數億美元，但很快就膨脹到數十億美元。對我們多
數人來說，得到數十億美元的意外收益是很好的消息，但是對房
地美來說反而是個問題。公司非常穩健的股價很大程度上是建立

在可以產生穩定與可預測的盈餘能力之上。當然公司因此贏得「穩定的房地美」（Steady Freddie）的稱號。因此，在意識到為了討好華爾街的名聲下，房地美計畫保留大筆意外收益，並在需要時將收益釋放出來，讓收益平穩。

與安隆公司和世界通訊的詐欺不同，房地美的詐欺焦點不是掩蓋不斷惡化的業務，而是為了維持可以創造預期盈餘的形象。換句話說，公司的最終利益不在於創造營收，而在於讓營收平穩。兩種類型的舞弊手法顯然都違反會計原則，而且讓投資人扭曲經濟現實情況。憑空創造營收的公司和讓營收平穩的公司最大的差別是，後者可能是由強健的公司所組成，這些公司只是試圖描繪更能預期的收益流。

奇異公司濫用衍生性金融商品會計來維持盈餘強健

就像很多大公司一樣，奇異公司發行商業本票，這是一種擁有變動利率、非常短期的債券。為了避免曝險在不斷改變的利率，奇異公司使用衍生性金融商品工具，稱為「利率交換」（interest rate swaps，之所以這樣命名是因為奇異公司將變動利率的付款義務「換成」固定利率的付款義務）。如果做得適當，在SFAS 133 的會計原則下（前面討論過），商業本票的利率交換可以作為有效的避險工具，這意味著盈餘不受這些衍生性金融商品的價值波動所影響。

不過 2002 年底出現一個問題，當時奇異公司似乎有「過度避險」的現象，或是說參與比需求更多的利率交換合約，來迴避商業本票的利率風險。自然而然，根據 SFAS 133 的會計原則，奇異公司過度避險的金額應該被視為無效的作為，這意味著每季的利率交換合約價值改變會影響公司盈餘。（這些避險被視為無效，因為它們並沒有抵銷任何風險。）奇異公司很快就了解到，由於這些無效的避險，需要認列 2 億美元的稅前費用。

在 2002 年 12 月為止的整季，奇異公司忙著找出避免認列這 2 億美元費用的方法。2003 年 1 月初，在前一季結束後、公司公布財報的前幾天，奇異公司創立一個全新的會計做法，來為這些避險安排提供一個理想的結果。會計師簽字同意，奇異公司也因此持續保持符合華爾街預期的記錄。不過這裡依然有個不太大的問題：新方法違反一般公認會計原則。幾年之後，美國證券交易委員會逮到奇異公司的會計詐欺行為。

留意無效避險產生的龐大收益

當一家公司報告從避險活動得到大筆收益時，投資人應該要小心，因為這些無效的（有時稱為「經濟的」）「避險」，也許實際上是不可靠的投機交易活動，很容易在未來產生大量虧損。此外，投資人應該提防一種無效避險：標的資產或負債產生的收益比損失還大。以華盛頓互惠公司（Washington Mutual Inc.）為

例，公司歷史上呈現的龐大收益活動都有避險的特徵。2004 年，公司提報的 16 億美元收益被歸類為「經濟性避險」，是要避免住宅抵押債權事務性服務權利（mortgage servicing rights, MSR）5 億美元的資產損失。換句話說，華盛頓互惠公司因為避險活動產生的收益是標的資產損失的三倍。投資人還應該警惕與標的資產或負債價格走勢方向相同的「避險」，因為這可能顯示管理階層使用衍生性金融商品來投機，而不是避險。

3. 創立與併購連動的準備金，並讓這些準備金在後期變成收益

就像我們在前面強調的，併購型公司為投資人創造一些大挑戰。一方面，合併後的公司立刻變得更難公平合理的分析。第二，就像我們在 PART5〈併購會計舞弊〉解釋，併購會計原則會使營業活動現金流的數字失真。而且，最後一點是，進行併購的公司可能會讓目標公司保留併購結束前賺到的營收，這樣併購公司就能夠在之後才認列這些營收。這就是我們下個故事的起點。

▌ 在併購「匯報期末段」期間使營收降到最低

想像一下你最近簽下銷售事業的合約，協議在兩個月後關閉

公司。你還收到從併購公司管理團隊的指示，在併購完成前不再認列更多的營收。這有點莫名其妙，不過你遵守規定，不再認列更多營收。這樣做的時候，你可能給新老闆一個大方（但不當的）禮物，因為你保留兩個月的營收會被併購公司認列為營收。

以 1997 年 3Com 與美國機器人公司（U.S. Robotics）的合併為例。因為兩家公司會計年度的結束時間不同（3Com 在 5 月，美國機器人公司在 9 月），因此在合併結束前創造兩個月的「匯報期末段」（stub period）。很顯然，美國機器人公司保留巨額的營收數字，這樣在 3Com 合併之後就可以取用。顯然在 1997 年 8 月截止的那季，3Com 認列美國機器人公司在匯報期末段沒有認列的營收。這裡有個「確鑿」的罪證：美國機器人公司在兩個月匯報期末段只有 1520 萬美元微不足道的營收（每個月約 760 萬美元），只占公司前一季財報 6 億 9020 萬美元營收的一小部分（每個月約 2 億 3000 萬美元）。美國機器人公司沒有在正常的商業流程期間認列營收，而是明顯保留超過 6 億美元的營收（見表 8-3）。

表 8-3　美國機器人公司在合併前的匯報期末段營收暴跌

（百萬美元）	1996/6 第三季	1996/9 第四季	1996/12 第一季	1997/3 第二季	1997/4 和 5 兩個月
營收	546.8	611.4	645.4	690.2	15.2

在併購結束前，留意目標公司有較低的營收

　　還記得組合國際電腦公司的管理階層如何操弄這些數字來幫助資深經理人拿到 10 億美元的紅利嗎？我們提到公司完成這個傑作所使用的一些舞弊技巧，包括一個月有「35 天」，以及在 10 年期的分期銷售合約中立即認列營收。嗯，就跟 3Com 一樣，組合國際電腦公司也可能會從併購前所保留的營收中獲益。

　　舉例來說，以組合國際電腦公司 1999 年買下鉑金科技（Platinum Technologies）為例。交易完成的前一季，也就是 1999 年 3 月結束那季，鉑金科技的營收跌至七季以來的最低水準，比前一季下降 1.44 億美元，也比前一年同期減少超過 2300 萬美元（見表 8-4）。鉑金科技的營收大幅下滑可以歸咎於客戶簽約延遲，因為組合國際電腦公司提議要併購公司。不過不論真正的原因是什麼，鉑金科技沒有及時完成與客戶的交易，這給新老闆帶來人為的營收增加。進一步分析，即使鉑金科技的營收下降不是由於業績下滑所造成，投資人仍然應該擔心組合國際電腦公司正在買進一家營收快速縮減的事業。

表 8-4　在被組合國際電腦公司併購前，鉑金科技的營收立即下滑

（百萬美元）	1997/6 第二季	1997/9 第三季	1997/12 第四季	1998/3 第一季	1998/6 第二季	1998/9 第三季	1998/12 第四季	1999/3 第一季
營收	164.2	190.8	242.7	193.4	217.4	250.3	314.7	170.1

4. 將當期的銷售金額認列到後期

　　想像一下，在業績非常強勁時期的後期，管理階層已經達到可得到最高獎金所需要的所有盈餘目標。銷售持續活躍，而且管理階層有個構想，想要確保下一期也可以得到很高的獎金，因此停止認列更多的銷售，並把這些銷售移到下一季。這樣做很簡單，會計師甚至不可能察覺這個花招，而且你的客戶當然不會反對，因為他們會比預期更晚拿到帳單。但是這種做法並不誠實，而且會誤導投資人，因為這會在後期顯示出過高的銷售金額。但是更重要的是，這顯示管理階層做出的商業決策並不是根據良好的商業實務，而是基於呈現投資人好看的財報。

―――――――――― 展望未來 ――――――――――

　　本章說明管理階層也許會保留合法的營收到之後更理想的時期認列。如果這個目標是要縮減當期收益，並在未來挹注收益，那麼更早加速認列費用應該也可以發揮作用。第九章要介紹加速認列費用的使用技巧，使當期似乎看起來像場災難，並顯示出明天有美好的獲利。

第九章 操弄盈餘舞弊手法 7

將未來的費用移到當期

　　還記得有個小孩子玩的遊戲叫做「相反日」（opposite day）嗎？對於玩這個遊戲的小孩來說，目標是以正常情況相反的方式做事。在這章中，讓我們這些成年人在費用上玩個有點有趣的相反日遊戲。你可以回想操弄盈餘舞弊手法 4 和 5 的整個重點不是將費用推到後期，就是只是簡單的讓費用永遠消失。但在**相反日的陰謀**中，目標是找方法來**增加**當期的費用。

　　這樣做涉及兩個基本的原則：（1）不要把資產負債表上的成本保留太長的時間（也就是操弄盈餘舞弊手法 4），立刻把它們掃到費用的垃圾桶，以及（2）不要靠著不認列發票而試著隱藏費用（也就是操弄盈餘舞弊手法 5），而是要馬上認列所有發票（愈早愈好），而且還要多認列一點，即使實際上只是好玩的假造這些費用。這聽起還很瘋狂，不是嗎？敬請期待，你很快就會

完全理解管理階層如何從這樣的遊戲中獲益，而且公司比你以為的更常玩這個把戲。

▶ 將未來費用移到前期的技巧

1. 不當減記當期資產，以免未來產生費用
2. 不當認列費用，藉此設立準備金來減少未來費用

---

1. 不當減記當期資產，以免未來產生費用

　　讓我們短暫回到將資產移到費用的德州兩步舞。如果舞步正確，第一步需要把成本視為資產，放進資產負債表，因為它們代表未來的長期利益。第二步涉及在收到收益時將這些成本轉移到俗話說的垃圾箱（也就是費用）。在第六章〈操弄盈餘舞弊手法4〉顯示第一種將這兩步舞搞砸的方法：從步驟1移到步驟2的速度**太慢**，或是根本沒有移動。這一章顯示另一個不當跳這兩步舞的方法，這個方法剛好與第六章討論的舞步相反：簡單的將第一步的成本**立即**移到第二步。換句話說，比適當的時機**更早**認列費用來減記資產。

表：在「兩步法流程」下的典型成本

步驟 1 資產	步驟 2 費用
延遲行銷	行銷費用
存貨	銷貨費用
廠房與設備	折舊費用
無形資產	攤銷費用

▌ 不當減記延遲行銷成本

你可能還記得，當我們在第六章提到美國線上時，這家公司正努力要顯示出公司有獲利，而且開始將行銷成本和招攬顧客成本資本化，來讓公司轉虧為盈。我們批評美國線上藉著將資產負債表上的正常費用資本化來提高獲利。然後我們發現公司犯下錯誤，把這些成本的認列從一年延伸到兩年，因為這會進一步壓低費用，並誇大獲利。因此，我們回到幾章前的美國線上故事，公司在資產帳戶上標出「遞延取得會員成本」（deferred membership acquisition costs, DMAC，見表 9-1）上累積超過 3.14 億美元。但是這家公司仍然存在一個大問題：這些成本代表明天的費用，而且它們必須在接下來八季中攤提：每一季要從盈餘攤提 4000 萬美元。考量美國線上的盈餘水準不高（1996 年會計年度的營業利益是 6520 萬美元），每季 4000 萬美元的經常性費用相當不受歡迎。

表 9-1　美國線上的遞延取得會員成本

（百萬美元）	1993	1994	1995	1996
營收	52.0	115.7	394.3	1,093.9
營業利益	1.7	4.2	(21.4)	65.2
淨利	1.4	2.2	(35.8)	29.8
總資產	39.3	155.2	405.4	958.8
遞延取得會員成本	－	26.0	77.2	314.2

　　因此，三個月後，當遞延取得會員成本的資產激增到 3.85 億美元時，美國線上轉向 B 計畫，開始玩起相反日遊戲的版本。美國線上並沒有繼續跳兩步舞，在接下來八季攤提行銷成本，而是改變做法，藉由宣布「一次性費用」，一下子減記所有資產。當然，它必須提出合理的理由，使會計師相信這項資產帳戶突然「損壞」，而且未來無法提供任何收益。因此美國線上宣稱減記資產是反映不斷發展的商業模式所必須採取的做法，這個做法包括隨著公司開發其他營收來源，減少對訂戶費用的依賴。如果說我們對這種解釋只是抱持懷疑態度，那也太輕描淡寫了。

　　為了清楚說明公司這項陰謀的卑劣程度，讓我們概要說明一下。首先，美國線上決定將正常的獲取顧客成本放到資產負債表上，給投資人一種印象，認為這是一家有獲利的公司，但實際上當時這家公司並沒有獲利，而且還在消耗大量的現金。其次，它將攤提期間從一年延長到兩年，藉由每季對認列的攤銷費用削減一半，來進一步誇大獲利。當然，在這點上，公司知道它仍然面

臨非常大的挑戰。藉著使用積極的會計實務，公司成功將超過 3 億美元的費用推到未來，但沒有使這些費用永遠消失。不過不用擔心，美國線上的魔術師還暗中藏有一項大絕招。為了製造時間幻覺，管理階層用 3.85 億美元的費用來消除所有迫在眉睫的費用，並簡單的稱其為「會計估計變更」，來淡化重要性。當然你會同意，這些行為是膽大妄為的產物。

▌不當的將過時的產品減記存貨金額

不像美國線上多年來不當的將獲取顧客成本資本化（在開始玩相反日遊戲多年以前），存貨成本一定要資本化，然後要費用化，進行的時間不是在產品銷售的時候（大多數狀況），就是在產品過時減記費用的時候（少見的情況）。最常見的存貨會計舞弊手法涉及到沒有將成本從資產項目及時移到費用項目。這種伎倆自然會低估費用，並誇大獲利。因為我們在這裡玩的是相反日的遊戲，因此我們假設管理階層決定在任何銷售發生前就減記存貨成本，變為費用。

留意先前存貨減損費用的回沖

當晶片製造商 NVIDIA 提列減損費用來減記 2016 年的存貨價值時，管理階層引進一種新的產品銷售週期，使公司一些舊型

的處理器作廢。基於這些考量，NVIDIA 大幅增加減損費用，從 2014 年的 5000 萬美元、2015 年的 5900 萬美元，增加至 2016 年的 1.12 億美元。這些減損價值的估計後來證明過高，因為隔年（2017 年）NVIDIA 的財報指出，**先前減記的產品已經銷售 5100 萬美元**。而且也將 2017 年誇大的減損費用回沖，使 NVIDIA 的毛利率提高 0.7 個百分點。

█ 太多玩具

玩具反斗城（Toys'R Us）累積太多無法確定是否可以銷售出去的存貨。公司宣布要拿出（稅前）3 億 9660 萬美元的重組費用來彌補「重新配置戰略性存貨」（strategic inventory repositioning，說明：將銷售緩慢的存貨下架）的成本，以及關閉店鋪與配送中心。與重新配置存貨相關的費用總計 1.84 億美元。公司解釋，存貨已經從商店移出，而且透過其它經銷管道以低價賣出。正常情況下，這些存貨會減記至可變現的淨值，並把差額視為營業費用。

無論我們現在討論的美國線上提前認列遞延行銷成本、NVIDIA 減記還未丟棄（而且之後成功銷售）的存貨，或是玩具反斗城認列大筆一次性費用，每個情況最後似乎都會有相同的結果：把未來的費用加速在當期認列，此外，減記費用都與正常的經營行為無關，而且都顯示在非經常項目上。這樣的行為會增加

未來的獲利，而且不會對當前的經營成果不利。

會計錦囊 **重組支出創造跨期利益與當期利益**

　　操弄盈餘舞弊手法 7 會同時為管理階層創造**跨期**利益
（interperiod benefits）和**當期**利益（intraperiod benefits）。首先，
將未來的費用加速到前期認列，使以後的負擔減少；第二，將費
用加速歸類在「重組支出」或「一次性支出」，而且顯示在非經常
項目，會為公司創造一種雙贏的狀態：認列費用期間的營業利益
（經常項目）不受影響，因為只在非經常性項目上受到影響；而且
後期的營業利益會誇大，因為一些正常支出已經移除，並併入前
期的費用。

不當的減記已認定價值受損的廠房與設備

　　當我們在第六章介紹涉及廠房與設備的舞弊時，我們警告管
理階層可能會藉著對資產用過長的期間來折舊，或是在資產的價
值永久減損時沒有完全減記資產價值，來誇大獲利。而我們繼續
這個相反日的遊戲，我們改變做法，思考管理階層如何能藉著縮
減資產的折舊期間，並宣布某些廠房與設備的價值減損，來增加
當期費用，即使這些資產也許非常正常。當遇到因為誘人股票選
擇權獎勵吸引而到職的新執行長，或是如果管理階層以不常見的
規則來使用這個策略時，投資人應該特別警惕。

給新任執行長的第一堂課

假設你正準備成為一家陷入經營困境公司的執行長，而且希望能馬上顯示出獲利大幅改善的現象，有個好的開始。假設你沒有任何的道德要求，這裡有幾個建議，可以使用一些舞弊手法來達到目標。

在你工作的最初幾週，宣布一些大膽的措施來清理前任執行長留下的爛攤子，並努力看起來像一個堅強果斷的領導人，並牢牢掌控細節。喔，一定要宣布精簡營運，並大量減記資產（這往往會稱為「洗大澡」〔big bath〕），減記金額愈大愈好。投資人會對此留下深刻印象，當然，這樣會非常容易在未來顯示出盈餘成長，你只是將這些未來支出移到今天的支出，來降低成長門檻。在公告中還必須減記大量的存貨和廠房資產。投資人甚至不會因為公司近期的損失受到懲罰，因為所有的損失都被包裹在非經常帳項目之下。當明天到來時，你提報的獲利會大為增加，因為明天的許多成本已經先減記，當作特殊費用的一部份。

艾爾・鄧勒普的傳奇故事

這就是夏繽公司惡名昭彰的鄧勒普設法看起來很聰明的方法，至少在一段期間內是如此。當鄧勒普 1996 年 7 月到夏繽公司任職的時候，夏繽公司是一家陷入困境的公司，鄧勒普以幫助公司轉型的藝術家聞名。

在領導史考特造紙公司（Scott Paper Company）的前 18 個月表演期間，鄧勒普的舞弊幫助公司股價提高 225％，使公司市值增加至 63 億美元。然後公司以 94 億美元賣給金百利克拉克（Kimberly-Clark），而鄧勒普將 1 億美元放進口袋當離別禮物。在短暫留在史考特造紙公司期間，鄧勒普解雇 1 萬 1000 名員工，削減廠房升級與研發的支出，然後將公司賣給主要的競爭對手。從 1983 年以來，史考特造紙公司成為鄧勒普賣出或解散的第六家公司，華爾街為之歡呼。

因此，毫不意外的，當夏繽公司宣布鄧勒普成為新執行長時，股價跳升 60％，這是公司歷史上最大的單日漲幅。到了第二年，公司的明顯轉機開始吸引投資人。在鄧勒普宣布被聘任的前一天，公司股價是 12.50 美元，到了 1998 年初，股價達到 53 美元的高點。鄧勒普得到一個新合約，底薪多了一倍。

然後實際情況出爐。1998 年 4 月 3 日，公司宣布當季虧損時，股價大跌 25％。兩個月後，媒體對於公司積極的銷售做法發表負面評論，促使夏繽公司的董事會開始內部調查。調查發現很多會計上的不當行為，並導致鄧勒普和財務長被解雇，並重編 1996年第四季到 1998 年第一季的財報。重編財報讓夏繽公司 1997 年的淨利少了將近三分之二，而公司最終申請破產。

不當減記無形資產的價值

就像廠房和設備的會計處理方法,大多數的無形資產(商譽是顯著的例外)會在管理階層設計的期限內攤提。在操弄盈餘舞弊手法4提到,延長攤提時間可以降低每季的攤提費用,提供人為增加收益的方法。當然,減少攤提時間會使利潤變薄。因為這是操弄盈餘舞弊手法7的確切目標,因此投資人應該注意這種縮短無形資產使用壽命的現象。

在併購即將結束前留意重組支出

還記得上一章提到美國機器人公司給了新母公司3Com一份禮物,凍結數億美元的營收,在合併結束後給3Com認列嗎?嗯,美國機器人公司還收到第二個出色的歡迎禮物,這只是簡單使用操弄盈餘舞弊手法7的其中一項技巧就可以創造出來。就在合併以前,美國機器人公司承擔4.26億美元的「合併相關」費用,3Com不必在合併後將這些成本認列為正常營運費用的一部份。在這些費用中,有9200萬美元與固定資產、商譽和購買技術的價值減記有關。很自然的,減記這些資產價值會減少未來的折舊金額與攤提的費用,並增加淨利。

當組織重組以不常見的規律進行時要警惕

在經濟困難期間,通常需要簡化營運和成本控制計畫的重組

成本。然而，重組事件不應該成為例行事件。就像我們在第五章〈操弄盈餘舞弊手法 3：利用一次性或無法持續的活動來增加收入〉提到，有些公司濫用每一期認列的「重組成本」或「一次性項目」費用等不會呈現在非經常性項目的實務做法。就以阿爾卡特和惠而浦的情況為例，這兩家公司幾年以來幾乎每一季都會列出重組支出。一段時間之後，投資人必須質疑公司是否知道經常性項目和非常性項目之間的差別。如果一家公司每年產生某種類型的成本，那就應該和其他經常性經營項目一起列出來。

2. 不當認列費用，
藉此設立準備金來減少未來費用

在本章的第一部分，我們討論公司如何在今天認列費用，來防止**過去的支出**（留在資產負債表上的資產）變成未來的費用。在這一節，我們重點要介紹一個類似的技巧：在今天認列費用，以防止**未來的**費用被提報為支出。透過這個技巧，管理階層可以在當期認列費用，這些費用有一些來自未來，甚至是憑空創造出來的費用。這樣的話，當到未來那期時，（1）營業費用會被低報，而且（2）偽造的費用和相關的偽造負債就會抵消，導致營業費用低估，並誇大獲利。我們就來更詳細檢視這兩個結果。

在今天使用重組支出來誇大明天的營業利益

就像美國線上急著從未來的攤提費用中移除 3.85 億美元的遞延行銷成本一樣,任何負擔重組支出(像是裁員)的公司都可以考慮減記全部的重組支出,來降低未來的營業費用。因此,今天如果裁員,員工的薪資費用在未來就會下降,因為將來收到的任何遣散費都會與今天的一次性費用綁在一起。結果:未來的經常性營運費用會消失,而當期的非經常性重組支出會增加相同的數字。但是請記得,投資人通常會忽略重組支出,因此公司投入的費用愈多愈好。非經常性費用更多、經常性費用更少,這可以視為一種雙贏的局面。

留意公司重組後,數字馬上出現顯著改善

讓我們回到夏繽公司的例子,看看先前重組支出對未來盈餘的顯著影響。如表 9-2 顯示,在認列重組支出之後的 9 個月內,夏繽公司的營業利益從前一年同期的 400 萬美元暴增到 1 億 3260 萬美元。考慮夏繽公司在鄧勒普上任後不久改變會計政策所帶來的影響。在 1996 年 12 月截止那季,夏繽公司為了公司重組認列 3 億 3760 萬美元的特殊費用,並為一項媒體廣告活動和「市場研究的一次性支出」額外認列 1200 萬美元的費用。根據美國證券交易委員會的起訴書,1996 年的**重組支出被誇大**至少 3500 萬美

元，而且夏績公司還不當的設立 1200 萬美元的訴訟準備金。

表 9-2　夏績公司的經營表現

（百萬美元）	1996 年 9 月，前 9 個月	1997 年 9 月，前 9 個月	變化（%）
營收	715.4	830.1	16%
毛利	124.1	231.1	86%
營業利益	4.0	132.6	NM
應收帳款	194.6	309.1	59%
存貨	330.2	290.9	(12%)
營業活動現金流	(18.8)	(60.8)	NM

在經營艱困時期留意「洗大澡」

　　要認列高額費用，或許沒有什麼時機比市場低迷時還來得好。由於在這段時間裡，投資人會更加關注公司如何從經濟衰退中崛起，因此認列大筆費用不太可能會惹怒投資人。確實，這個做法往往會被認為是個積極的舉動。就像我們先前的討論，管理階層使用這些費用來不當的減記生產性資產或設立假造的準備金並不困難。

藉由釋放準備金來創造比必要重組費用更大的準備金，並誇大未來盈餘

　　前一章說明公司往往會過於在意要提出平穩而可預測盈餘的方法。還記得房地美擁有很多準備金，結果在能釋放出已經存放

超過 40 億美元的資金前就被逮到的例子嗎？根據需求來設立與釋放準備金是一種非常適合管理階層玩的相反日遊戲技巧。

使用重組準備金來讓盈餘平穩

當一家公司承擔適當規模的重組支出（例如計畫裁員 100 人，而且只承擔這 100 人的費用），未來的薪資費用就會從當期移開，並列在非經常性項目費用上。在多數情況下，這是移到非經常性項目的期間內變動，但有些高階經理人會變得過於貪婪，使用第二種（而且不道德）的把戲。當管理階層正計畫裁員時，公司會承擔不當的巨額重組支出（舉例來說，計畫裁員 100 人，但是承擔裁員 200 人的費用）。在裁員 100 人就足夠時，宣布裁員 200 人，管理階層就可以讓重組費用和負債加倍。假設管理階層為每個被裁員的人提供 2 萬 5000 美元的遣散費，如果管理階層以符合道德的方式做事，就要花 250 萬美元，但相反的，如果裁員人數從 100 人加倍到 200 人，公司要承擔 500 萬美元的費用。

然後公司會承諾對 100 個目前還在工作、但要失業的員工每人付出 2 萬 5000 美元。當然，還有另外 250 萬美元依然在負債項目上，不會有更多的遣散費要負擔。因此，管理階層大膽的將負債帳目上假造的準備金釋放出來，減少薪資費用。對於一家不符合道德、但需要更多錢來符合華爾街預期的公司來說，這肯定是一個誘人的訣竅。我們稱這是「不斷給予的禮物」。

留意在併購時期設立準備金的公司

2000 年 12 月，符號科技公司認列合併競爭對手泰勒松公司
（Telxon Corporation）1 億 8590 萬美元的相關費用。當時，符號
科技認為這些是經營重組、資產（包括存貨）減記與合併成本必
要的費用。事實證明，這些費用包括用來設立餅乾罐準備金、並
幫助誇大未來盈餘的虛擬成本。這些費用也誇大存貨的減記金
額，在相關存貨被賣掉時用來提高未來的毛利。

同樣的，1997 年 6 月，全錄買下歐洲子公司 20％的股份，
這 20％的股份原來是由英國的蘭科集團（Rank Group）所擁有。
與這次購買相關的是，全錄不當的設立 1 億美元的準備金，用來
因應這次交易所產生的「未知風險」。在設立準備金時，全錄藉
由認列未知與無法量化的風險，違反一般接受的公認會計原則。
儘管如此，全錄開始將這筆準備金視為一種存錢筒，每當公司業
績低於華爾街預期時，就會釋放準備金當作收益。公司持續在每
一季提取與併購完全無關的準備金，直到 1999 年底完全用完為
止。從 1997 至 2000 年，全錄使用相同的把戲，以欺騙的方式，
將大約 20 筆、總計 3 億 9600 萬美元的過剩準備金用來改善盈餘。

▌ 以充足的時間設立準備金

聖經提到約瑟（Joseph）有獨特能力來解說法老王令人不安

的惡夢。約瑟在聽到法老王做的詳細夢境時，警告法老王飢荒即將來臨：在七年豐年之後會有七年荒年。約瑟變成法老王的首席管家，而且馬上開始計畫預留糧食並準備物資。當七年後飢荒來臨時，法老王和整個埃及都做好準備。

公司還要考慮未來，能夠合理的預測正常的商業週期，而且也要不太合理的預測偶爾突然出現的經濟動盪。今日聰明的管理階層會了解約瑟和法老王學到的事情：壞日子會接在好日子之後出現。在這樣的背景下，如果一家公司已經達到當前的營收預期，也許會試圖將隔年的費用移到更早的時期。亨氏食品（H.J. Heinz Company）曾警告不景氣的日子會很快到來，而且藉由預付費用將一些成本移到更早的時期，來提高接下來那年的獲利。旗下子公司也採用其他的手法，例如假報銷售成本、不當的向供應商索取廣告費用，而且為還沒收到的服務開出費用帳單。

---------------------------- 展望未來 ----------------------------

第八章和這一章都說明管理階層可能會採用一些手法來（1）讓盈餘平穩，（2）將收益從特別強勁的時期移到比較弱勢的時期，或是（3）清除麻煩的費用來創造未來的盈餘，來迷惑投資人。

這兩章使我們完成對七種操弄盈餘舞弊手法的討論。就像操

弄盈餘舞弊手法 1 到 5 的描述，管理階層擁有很大量的技術軍火庫來欺騙投資人，誘使投資人相信公司會產生超過真實情況的獲利。而且如果管理階層反而希望明天看起來更美好，操弄盈餘舞弊手法 6 和 7 能夠幫助他們完成目標。

第十章會開始說明 PART3〈現金流舞弊〉。多年來的傳統觀點認為，要玩弄盈餘的會計遊戲相當容易，但是現金流數字絕對可靠。在 PART3 中，我們要揭穿這個迷思，並證明現金流舞弊也很普遍，而且就像我們在 PART2 討論的操弄盈餘舞弊，管理階層要使用舞弊手法來欺騙投資人也很容易。

PART 3

現金流舞弊

由於最近有這麼多金融詐欺事件沒被偵測出來，投資人漸漸質疑損益表上應計制數字的價值。公司一次又一次的藉著太快認列營收或隱藏費用來欺騙投資人，導致一些人得出結論，認為公司可以操縱收益，因此應該要更加相信「純粹的」營運現金流數字。

　　雖然這肯定是朝著正確的方向邁進，但是在從應計制盈餘跨到現金流數字時要格外小心的觀察。當你閱讀本書這部分時，會很清楚的說明這種謹慎的理由。

　　在 PART3，我們會顯示三種特殊的現金流舞弊手法，強調公司用來誇大營運現金流的技巧。我們還提出快速檢測現金流舞弊的戰略，並提供調整財報數字來計算更能持續使用的現金流指標數字的方法指南。

3 種現金流舞弊手法

　　1. 將融資現金流入移到營運活動下（第十章）

　　2. 將營運現金流出移到其他活動下（第十一章）

　　3. 利用無法持續的活動來增加營運現金流（第十二章）

應計制會計與現金制會計

在研究特定技巧前，重要的是牢牢掌握應計制會計與現金制會計和現金流量表的結構。會計原則要求公司使用應計制來報告業績表現。這只是意味著公司在獲得盈餘（而非現金）時認列盈餘，而且在收到收益時（而不是付款時）報告費用。換句話說，現金流入和流出的重要性在應計制會計中被忽略了。對投資人而言，幸運的是，公司還是必須提供單獨的現金流量表，強調三種主要來源的現金流入與流出，包括營業活動、投資活動和融資活動。包含在營業活動的資訊能用來作為應計制盈餘的**替代績效衡量指標**。

如前幾章提到，精明的投資人往往會比較淨利和營業活動現金流，而且當營業活動現金流成長落後淨利成長時就會變得很擔憂。的確，高淨利與低營業活動現金流往往顯示有某些操弄盈餘的舞弊手法存在。

讓我們將典型的損益表形式與架構拿來和現金流量表的營業活動部分進行比較。在會計原則 SFAS 95 下，公司可以使用「直接法」或「間接法」來呈現營業活動現金流。直接法只顯示主要來源的現金流入（例如來自客戶的現金流入）與現金流出（例如來自供應商和員工的現金流出）。相反的，間接法則從應計制淨利開始，然後調整到與營業活動現金流一致。對於投資人而言，

間接法無疑更為直觀，而且規則制定者特別表達出他們偏好公司使用這種方法。然而，規則制定者的敦促並無法說服公司沿用這個方法，因為幾乎所有公司都只用間接法來呈現營業活動現金流。這裡我們介紹損益表（應計制）、營業活動現金流（直接法與間接法）。

損益表：應計制

銷售收入	1,000,000
減去：營業費用	(850,000)
營業利益	150,000
減去：非營業費用	(50,000)
稅前淨利	100,000
減去：所得稅＠ 35%	(35,000)
淨利	**65,000**

營業活動現金流：直接法

取得客戶	750,000
減去：	
供應商費用	(550,000)
員工薪資	(600,000)
稅負	(35,000)
利息費用	(40,000)
營業活動的現金流入	**(475,000)**

營業活動現金流：間接法	
淨利	65,000
調整到與淨現金一致	
折舊與攤銷	40,000
呆帳準備金	10,000
營運資金改變	
應收帳款	(820,000)
存貨	(80,000)
預付費用	50,000
應付帳款與遞延收入	260,000
營業活動現金流	**(475,000)**

　　雖然淨利和營業活動現金流是衡量一家公司表現的不同指標，但是投資人通常會期望這兩個數字會朝同個方向變動。也就是說，如果一家公司報告淨利正在成長，那麼營業活動現金流正在減少就值得懷疑。要注意的是，在上面的間接法例子中，營業活動現金流大幅落後淨利 54 萬美元（負 47 萬 5000 美元減去正 6 萬 5000 美元）。就像我們先前的討論，這樣的結果可能會使投資人擔憂公司正在操弄盈餘舞弊。

績效指標：從盈餘到現金流

　　管理階層當然了解投資人喜愛「高品質的盈餘」。高階經理人知道投資人會對照盈餘和營業活動現金流，藉此測試盈餘品質，就像我們前面提過的例子。他們還知道，很多投資人會認

為，營業活動現金流是衡量公司績效最重要的指標；有些投資人甚至完全拋棄盈餘指標，反而主要只專注在分析公司創造現金的能力。

因此，公司在財報和資訊揭露實務上變得更具創造力就不足為奇了。很多人已經找到創新方法來誤導投資人，他們採用的欺騙手法也許不會在傳統的盈餘品質分析中偵測出來。就像你會在PART3 學到的，這些舞弊有很多都涉及營業活動現金流的操弄。

營業活動現金流：最鍾愛的兒子

在深入了解這些現金流舞弊手法之前，重要的是了解現金流量表的基本結構。現金流量表顯示一家公司的現金餘額隨著時間的演變。它顯示所有現金流入和流出，從最初到最終的現金餘額調整。所有現金變動都可以分成三大類：營業活動、投資活動和融資活動。圖 P3-1 說明在現金流量表每個活動的現金流入與流出。

投資人並不認為現金流量表這三個項目同等重要，相反的，他們認為營業活動項目是「最鍾愛的兒子」，因為它代表從公司實際商業經營創造出的現金（也就是營業活動現金流）。很多投資人並不那麼關注公司的投資或資本結構的改變，而且有些投資人甚至更為極端，完全不在乎其他活動。畢竟，營業活動項目應

	營業活動	投資活動	融資活動
現金流入	取得客戶 取得利息 取得股息	投資標的銷售 廠房／設備銷售 業務處分	銀行借款 其他借款 股票發行
現金流出	供應商費用 員工薪資 稅負 利息費用	資本支出 投資標的購買 不動產購買 企業併購	償還貸款 買回庫藏股 支付股息

該充分傳達公司的營業活動，對吧？

　　嗯，不見得如此。公司在呈現現金流時可以有很多裁量權。很多現金流舞弊手法可以被視為是**期間內的地理遊戲**（intraperiod geography games），在這樣的遊戲下，公司對於現金流量表的「現金從哪裡去哪裡」採取寬鬆的解釋。例如，一項現金流出應該顯示在營業活動還是投資活動上？很顯然管理階層的決定對營業活動現金流數字和投資人評估公司表現有很深遠的影響。其他舞弊手法還包括經營階層的管理決策，這些決策會影響現金流的認列時機，描繪出過分樂觀的經濟樣貌。

羅賓漢把戲

　　可以把這些期間內的地理遊戲視為「羅賓漢」的把戲：竊取

現金流量表中現金較多的活動,然後交給現金較少的活動。在這些情況下,「現金較少」的活動是營業活動,這是投資人會密切關注的活動,而「現金較多」的活動是「投資活動與融資活動,投資人往往不會那麼注意。

你會看到,羅賓漢把戲相當簡單,而且比你想像的還更加普遍。對公司而言,捏造理由把好東西(現金流入)移到最重要的營業活動,然後把壞東西(現金流出)移到不那麼重要的投資和融資活動下並不困難。圖 P3-2 說明其中一些把戲,像是不當的將實際上來自銀行融資的現金流入移到營業活動,或是將不必要的現金流出移出營業活動,標示為資本支出。

圖 P3-2　現金流舞弊:羅賓漢把戲

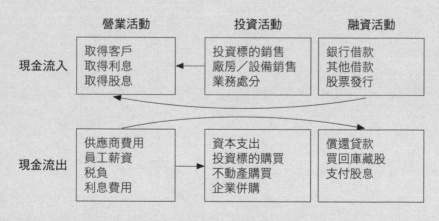

諾丁漢警長在哪裡？

　　就像諾丁漢警長避免羅賓漢從有錢人那裡偷錢，然後把錢送給窮人，當前的會計原則似乎常常無法妥善避免公司從事這種現金流的舞弊手法，這是因為這些規則制定者在編寫現金流量表的會計原則時，無法適當的解決很多關鍵問題。的確，當處理現金流量表上的「現金從哪裡去哪裡」時，會計原則相當含糊，提供管理階層很大的裁量權。

　　實際上，有時會計原則可以視為是羅賓漢把戲的「幫兇」，因為在會計原則的應用上，有某些情況並無法反映真正的實質交易。結果，即使公司遵守會計原則，用來衡量事業自然成長的營業活動現金流數字仍然很不理想。當然，遵守會計原則的公司不應該被指控為詐騙，但是，玩弄這些原則不必然會產生準確反映潛在經濟現實的財報。

好消息與壞消息（但主要是好消息）

　　現在是報告一些好消息和一些壞消息的時候了。**壞消息是**，有很多技巧可以讓公司描繪出讓人誤導的現金流。此外，圍繞現金流量表的會計原則在很多方面會讓投資人對營業活動現金流的持續性產生困惑。

但是，好消息是，你已經意識到這點。的確，你正在閱讀這本書。你會學到快速檢測這些花招的方法，而且得到必要的知識與工具，成功與試圖利用現金流舞弊手法誤導你的公司正面對決。

接下來三章提供三種現金流舞弊手法的指南，包括管理階層使用技巧來將不希望從營業活動流出的現金移走，以及將期望的現金流入營業活動。自然我們也會分享檢測這些舞弊跡象的祕密。第十章會先討論將珍貴的現金流入從融資安排移到營業活動。

將融資現金流入移到
營業活動下

　　阿諾史瓦辛格（Arnold Schwarzenegger）和丹尼狄維托
（Danny DeVito）在 1998 年的熱門喜劇《龍兄鼠弟》（*Twins*）中
不太像雙胞胎。這對雙胞胎是在同一個遺傳實驗室出生，這是為
了創造完美的小孩所進行的祕密實驗所產生的結果。實驗室的醫
師操縱生育過程，將一個孩子的特質轉移給另一個孩子，同時將
「遺傳垃圾」（genetic trash）送給另一個人。藉由這樣做，他們創
造聰明的阿多尼斯（Adonis，阿諾史瓦辛格飾演），但也是因為
這樣做，醫師也不得不創造他那侏儒般狡詐的雙胞胎兄弟（丹尼
狄維托飾演）

　　就在同一年，新的現金流量報告標準（SFAS 95）生效，正

式產生現金流量表和三個項目（營業活動、投資活動和融資活動）。似乎有些公司的高階經理人在檢視新原則的同時，正在觀看《龍兄鼠弟》對生育過程的操縱。這也許讓他們有了瘋狂想法，藉著將期望的現金流入送到最重要的活動（營業活動），並將不想要的現金流出送到其他活動（投資活動和融資活動），藉此操縱現金流量表。

近年來，很多公司似乎都在經營自己的《龍兄鼠弟》遺傳實驗室。但是它們並不是嘗試要創造一個完美的小孩，而是試圖創造一個完美的現金流量表。在這一章，我們揭露在這些實驗室中實行最重要的祕密手術：將期望的現金流入從融資交易移到營業活動項目。

> ▶ 將融資現金流入移到營業活動下
> 1. 將正常的銀行貸款認列為假造的營業活動現金流
> 2. 藉著在收款日前銷售應收帳款來提高營業活動現金流
> 3. 藉著假造的應收帳款銷售來誇大營業活動現金流

這三種技巧都代表公司將融資安排的淨現金流入移到營業活動，藉此誇大營業活動現金流，就像圖 10-1 說明的實用現金流圖。

圖 10-1

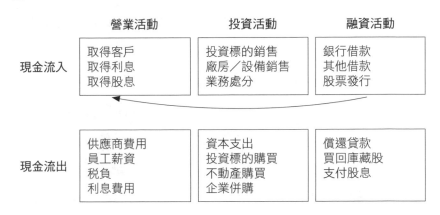

	營業活動	投資活動	融資活動
現金流入	取得客戶 取得利息 取得股息	投資標的銷售 廠房／設備銷售 業務處分	銀行借款 其他借款 股票發行
現金流出	供應商費用 員工薪資 稅負 利息費用	資本支出 投資標的購買 不動產購買 企業併購	償還貸款 買回庫藏股 支付股息

1. 將正常的銀行貸款認列為假造的營業活動現金流

2000 年底，德爾福公司發現自己正陷入困境。這家公司一年前才剛從通用汽車分拆出來，而且管理階層打算展現出公司可以穩健、獨立的經營。然而，儘管管理階層有雄心壯志，但汽車零組件供應商的狀況並不理想。自從分拆公司以來，德爾福公司制定很多計畫來提高業績。汽車產業發展迅速，但是經濟情況卻日益惡化。

德爾福的經營在 2000 年第四季持續惡化，而且這家公司面臨著必須告訴投資人這季營業活動現金流已經嚴重轉為負值的前景，這將是一場災難性的打擊，因為德爾福經常在營收公布時強

調現金流是公司業績與（據稱是）公司實力的關鍵指標。

因此，已經深陷謊言的德爾福編造另一個計謀來挽救這季業績。在 2000 年 12 月最後一週，德爾福去了往來的銀行（第一銀行〔Bank One〕），提議要銷售 2 億美元的貴金屬存貨。毫不訝異的是，第一銀行對於買進這些存貨沒有興趣。請記住，我們談到的是銀行，而不是汽車零組件製造商。德爾福了解這點，因此以一種方式來制定協議，那就是第一銀行能夠在幾週後（年底之後）將存貨「銷回」給德爾福。為了換回銀行在數週後的貴金屬存貨「所有權」，德爾福將以比原始銷售價格還高一點的議價買回。

讓我們退一步思考這裡到底發生什麼事。你應該很清楚這筆交易的經濟學：德爾福從第一銀行獲得一筆短期貸款。就像很多銀行貸款的情況，第一銀行要求德爾福公司提供可以掌握的抵押品（在這個例子是貴金屬的存貨），以防止德爾福決定不還貸款。德爾福應該會把從第一銀行收到的 2 億美元認列為借款（融資活動的現金流增加）。身為傳統的貸款，這筆交易應該會在德爾福的資產負債表上增加現金與負債（應付貸款）。顯然，借款和隨後的還款並不會創造任何營收。

德爾福沒有以符合經濟學與兩方意圖的方式來認列這筆交易，作為一筆貸款，德爾福大膽的把它認列為 2 億美元的存貨出售。藉著這樣做，使得德爾福誇大營收與盈餘，就像操弄盈餘舞弊手法 2 的討論。此外，它還誇大營業活動現金流，德爾福聲稱

用「銷售的」存貨換取 2 億美元。就像表 10-1 顯示，如果沒有這 2 億美元，德爾福全年認列的營業活動現金流只有 6800 萬美元（而不是 2.68 億美元），這其中包括第四季糟糕的 1.58 億美元現金流出。

表 10-1　德爾福公司的營業活動現金流，根據假貸款的影響進行調整

（百萬美元）	2000 年會計年度
營業活動現金流	268
減去：把借來的現金不當的認列為營業活動現金流	(200)
正常的營業活動現金流	68

請記住，營收造假可能也意味著營業活動現金流造假

在操弄盈餘舞弊手法 2 中，我們討論公司用來認列假營收的技巧，包括參與缺乏經濟實質性或合理公平過程的交易。一些投資人在閱讀假營收和其他操弄盈餘花招時會很幻滅，因此決定完全忽略應計制數字，反而盲目的完全仰賴現金流量表。我們認為這樣的決定並不明智。投資人應該要了解，營收造假也可能顯示出**營業活動現金流造假**。很明顯在德爾福的例子和其他稱為迴力鏢交易（boomerang transactions）的例子中是如此。因此，通常，假營收的跡象也可能警告有誇大營業活動現金流的情況。

謹慎看待形式上的營業活動現金流指標

德爾福公司引導投資人不注意公司提供的營業活動現金流，而是強調自己定義的現金流指標，並混淆「營業活動現金流」的名稱。正常情況下，投資人交換使用「CFFO」和「營運現金流」（Operating Cash Flow）這兩個術語，然而，德爾福對於這兩個術語的定義非常不同。（關於這點，在 PART4〈關鍵指標舞弊〉有更多討論）

在 2000 年會計年度，德爾福公司提出現金流量表上的 CFFO 為 2.68 億美元，然而，公司自己定義的「營運現金流」（在營收報告中）是 16 億美元。我沒有在開玩笑，相差高達 14 億美元！細心的投資人會注意到這個舞弊，而且立即會懷疑公司，因為這種程度的騙局讓人震驚，而且不可原諒。（在第十三章有關於這14 億美元差額的更多內容，敬請期待。）當然，即使是公司提報的 2.68 億美元 CFFO，也是誇大的數字，因為這個數字包括之前討論將存貨銷售給銀行的假交易。美國證券交易委員會必定在這時利用機會將所有德爾福公司的舞弊手法進行分類，然後指控公司詐欺。

德爾福不只創造一個誤導 CFFO 的替代品，而且在定期公布的季報標題上向投資人強調這個數字的優點。每當管理階層把重心放在公司創立的現金流指標，重新定義非常重要的 CFFO 時，投資人應該要很小心。當然，管理階層有創意的使用某個指標並

不總是代表有詐欺行為，然而，投資人應該要加以懷疑。

▌複雜的資產負債表外結構，導致 CFFO 誇大的風險

我們已經簡單敘述安隆使用的幾個舞弊手法，特別是公司使用資產負債表外的工具，像是特殊目的個體（special-purpose entities）。安隆的一些舞弊手法幫助公司創造一種誤導性更強的 CFFO。舉例來說，安隆會創造一個實體組織，然後藉著與這家公司共同簽署貸款來幫助它借錢。安隆掌控的組織接著會將收到的現金向安隆「購買」大宗商品。安隆則認列從「銷售」大宗商品收到的現金，視為營業活動現金流。

這些交易的結構可能看起來很複雜，但是其中的經濟學原理卻相當簡單：安隆安排將大宗商品賣給自己。問題在於只認列一半的交易，這部分反映的是現金流入。具體來說，安隆將商品的「銷售」認列為營業活動的現金流入，但是忽略把實體組織「買進」這些大宗商品的現金流出拿來抵銷。如果安隆認列的這些交易已經符合經濟情況，那現金流入會被視為貸款，因此認列為融資活動的現金流入。這種招數使安隆公司得以用數十億美元來美化 CFFO，進而損害融資活動的現金流，當然也傷害投資人。

2. 藉著在收款日前銷售應收帳款來提高營業活動現金流

在前一節我們討論德爾福公司和安隆公司在各自《龍兄鼠弟》遺傳實驗室創造危險的計謀，允許他們完全認列假造的營業活動現金流。在這一節中，我們討論公司可能會用一項相當受歡迎、而且被認為是完全適當的交易來提高營業活動現金流，那就是銷售應收帳款。然而，管理階層在財報上呈現這些交易的方式，往往會使投資人產生很大的混淆。

▌即使客戶尚未付款，公司仍然把應收帳款轉換成現金

公司經常把出售應收帳款視為是有用的現金管理策略。這些交易相當簡單：一家公司希望在應收帳款到期前就收到款項。公司找到有意願的投資人（也就是銀行），並轉讓一些應收帳款的所有權。作為回報，公司得到的是應收帳款總額扣除費用後的現金。

讓我們考慮交易的本質、目的與另一方的利益。這種安排聽起來像是融資交易，還是營業活動的交易？很多人也許會同意一間銀行簡單開張支票看起來非常像是舊式貸款，只不過是一種融資的形式，特別是因為管理階層決定收到現金的時機和金額。因

此他們希望這項交易不會影響營業活動現金流。然而，這些會計原則另有規定。認列應收帳款銷售產生的現金應當被視為營業活動現金流，而非融資活動現金流。為什麼是營業活動？因為收到的現金可以被視為是過去銷售收到的款項。確實，即使在最精明的投資人中，也有很多灰色地帶會引發混淆，這是其中之一。

會計錦囊 **銷售應收帳款**

　　確認一家公司何時銷售應收帳款很重要，因為這些交易會被認列為營業活動現金流入。公司可以用很多方式來銷售應收帳款，包括應收帳款買賣交易（factoring transactions）與證券化。請留意財報中這些關鍵詞。

● **應收帳款買賣**：將應收帳款簡單的銷售給第三方，往往是一間銀行或特殊目的個體
● **證券化**：為了將應收帳款銷售給第三方（往往是特殊目的個體），透過重新包裝應收帳款現金流入來創造新的金融工具（證券）

▍銷售應收帳款：無法持續的現金流成長動力

　　2004 年，藥品經銷商卡帝納健康集團（Cardinal Health）需要產生更多的現金。因此管理階層決定要銷售應收帳款來幫助公司迅速募集現金。到了第二季結束時（2004 年 12 月），卡帝納

健康集團已經賣出 8 億美元的顧客應收帳款。這筆交易是公司在 2004 年 12 月營業活動現金流與去年同期相比強勁成長 9.71 億美元的主要動力。

　　雖然卡帝納健康集團當然有權利藉由應收帳款取得任何現金，但投資人應該意識到這**不是可以持續**讓營業活動現金流成長的來源。卡帝納健康集團本質上是（從第三方，而非顧客）收取應收帳款，通常是在幾季之後才會收到。藉著比預期更早收到現金，公司實際上是將未來的現金流移到當季，在未來的現金流上留下一個「漏洞」。更早讓現金流入可能會導致未來產生讓人失望的營業活動現金流，當然，除非管理階層找到其他現金流舞弊手法來填補漏洞。

留意現金流量表突然的波動

　　即使是新手投資人也可能已經發現卡帝納健康集團的應收帳款有些重要的改變，而且營業活動現金流成長很大的程度上也是由這些改變所驅動。請看表 10-2 公司的現金流量表。請注意營業活動現金流增加 9.71 億美元（從 5.48 億美元成長到 15 億美元），主要是由於應收帳款的影響，出現 11 億美元的「波動」。具體來說，在 2004 年 12 月為止的六個月中，應收帳款的改變產生 6.22 億美元的現金流入，而在前一年，應收帳款的改變導致 4.88 億美元的**現金流出**。毫無疑問，大量銷售應收帳款，導致營業活動現

金流有明顯的改善，而不是因為卡帝納健康集團的核心事業改善所產生的結果。要強調的是，投資人不僅應該關注營業活動現金流成長**多少**，還要關注**如何**成長，這兩者有非常明顯的差別。

表 10-2　卡帝納健康集團提報的營業活動現金流

（百萬美元）	2003 年 12 月 31 日 為止的六個月	2004 年 12 月 31 日 為止的六個月
持續經營的盈餘	**697.1**	**421.6**
折舊與攤銷	143.2	198.2
資產減損	4.8	155.8
壞債準備金	(2.7)	0.8
交易應收帳款的減少／（增加）	**(488.3)**	**622.3**
存貨的增加	(841.4)	(707.5)
銷售型租賃的減少（增加）	22.0	(95.3)
應付帳款的增加	964.3	794.1
其他應計負債與營業活動，淨值	49.4	129.2
營業活動提供的淨現金	**548.4**	**1,519.2**

　　像卡帝納健康集團這種現金流量表突然的變動，表明需要更深入的探索。在這種情況下，你會發現公司開始出售更多的應收帳款。這很容易發現，而且公司顯然沒有做任何不適當的事。事實上，公司非常樂於這樣做，在營收公布與季報公布時清楚揭露應收帳款的銷售金額（雖然公司比較喜歡在現金流量表上揭露）。雖然隨興或懶散的投資人很容易對卡帝納健康集團讓營運現金流成長的能力有深刻的印象，但是精明的投資人肯定會意識

到這樣的成長來自非經常性的來源。

▍應收帳款的私下交易

　　與卡帝納健康集團的資訊揭露相對透明相比，有些公司在銷售應收帳款而讓營業活動現金流受益時，會盡力把投資人蒙在鼓裡。舉例來說，以某個電子製造商為例，新美亞電子公司（Sanmina-SCI Corporation）在 2005 年 11 月初提交 2005 年 9 月底為止的第四季財報。在財報公布時，新美亞公司決定凸顯強健的營業活動現金流，作為第四季其中一個「亮點」。應收帳款已經減少，新美亞公司還很自豪的強調財報中接近最高峰的應收帳款已經下降。

　　但是營收公布報告並沒有說明全部的事實。將近兩個月後，在很多投資人正在休假的 2005 年 12 月 29 日，新美亞公司提交季報，揭露公司經營的實際情況：**第四季營業活動現金流主要的成長動力來自應收帳款的銷售**。新美亞的財報提到，已經出售的 2.24 億美元應收帳款在本季結束時還要追討。這比前一季財報的 8400 萬美元有明顯的增加。新美亞公司在過去兩季一直悄悄的賣出應收帳款，但是規模從沒有這麼龐大。就像表 10-3 顯示，應收帳款的銷售如果沒有這麼大的增加，新美亞公司的營業活動現金流就會減少 1.39 億美元，從原來提報的 1.75 億美元下降到 3600

萬美元。

表 10-3　新美亞公司 2005 年 9 月為止的第四季營業活動現金流
移除已銷售應收帳款影響的調整結果

（百萬美元）	2005 年 9 月，第四季
營業活動現金流	175
應收帳款銷售的當季改變	(139)
正常的營業活動現金流	36

TIP　將營業活動現金流正常化，排除銷售應收帳款的影響時，請使用季底**未償還的應收帳款銷售**變化。這樣，你就可以專注在上季未償還的應收帳款，而不是在這段期間收到的應收帳款。

閱讀季報要了解預期可以得到什麼

當然，完整閱讀季報可能會顯示出應收帳款的銷售推動營業活動現金流的成長。但是你是否會懷疑在提供季報之前就有這個情況？的確，答案可能是肯定的。精明的投資人會閱讀前一季的季報，而且注意到新美亞公司至少討論四次應收帳款的銷售。他們也會注意到公司在前兩季的法人電話會議上提到這樣的安排。這些 A+ 投資人會知道要留意第四季的數字，當時因為應收帳款的大幅減少而讓營業活動現金流突然暴增。他們當然能夠理清頭緒。

<u>避免事情不透明</u>

在提報像是應收帳款銷售這種敏感且影響深遠的結構安排時，讓公司變得不透明顯然並不適當。如果公司沒有提供投資人詳細資訊，要很小心。質疑他們沒有透明提供應收帳款變現資訊的原因。或許管理階層的目標只是為了美化現金流量表。最壞的情況是公司試圖要向投資人隱瞞實際上的現金短缺。

這種美化顯然不只是簡單的裝飾，還顯示一家公司隱瞞事業實際出現惡化的情況。極為成功的網路公司環球電訊公司（Global Crossing）在 2002 年破產的前六個月才賣出 1.83 億美元的應收帳款。同樣的，全錄在 1999 年底默默的銷售 2.88 億美元的應收帳款，使年底財報的現金餘額達到 1.26 億美元，激怒美國證券交易委員會。

3. 藉著假造的應收帳款銷售來誇大營業活動現金流

在上一節中，我們討論正常的應收帳款銷售對營業活動現金流的影響。我們強調在很多情況下，銷售應收帳款也許不只適當、也是審慎的商業決策。然而，投資人還必須了解從現在預期未來一段時間已經收到的現金流，以及這樣的現金流入應該被視為是無法持續的現金流。在這一節，我們要進入更為邪惡的領

域。我們會遇到在企業《龍兄鼠弟》實驗室裡執行的另一個絕頂機密的手術：偽造應收帳款的銷售。

▌假造的應收帳款銷售：舞弊的「水門案」

美國總統尼克森（Nixon）因為試著掩蓋水門飯店（Watergate Hotel）的竊案而丟臉的辭職。罪證確鑿的證據顯然包括白宮 18 分鐘的錄音片段，這段錄音很容易刪除來掩蓋罪行。同樣的，Peregrine 系統公司使用便利的掩蓋手法來隱藏公司的財務詐欺行為。就像在第四章〈操弄盈餘舞弊手法 2：認列假營收〉所討論的，Peregrin 多年來使用欺騙性的手法來美化營收，像是認列假營收與進行互惠交易，導致 2002 年的破產。這些假營收導致資產負債表上的應收帳款膨脹，無法收回。Peregrine 開始擔心這些膨脹的應收帳款會成為假營收罪證確鑿的證據。因此開始認真的用**假造的應收帳款銷售**來掩蓋。

在這樣的掩蓋作為下，Peregrine 將應收帳款轉移給銀行來換取現金，然而，收回帳款的風險仍然由 Peregrine 承擔。當然，這種收回帳款的風險很大，因為**沒有客戶**，很多相關的銷售都是假的。由於損失的風險沒有轉移，因此當應收帳款不可避免的無法收回下，Peregrine 還是得還給銀行現金。

由於應收帳款實際上從沒有轉移過，因此這筆交易的經濟學

更像是抵押貸款，就像在這一章前面看到德爾福公司的情況。Peregrine 向銀行借錢，並以應收帳款當抵押品。在現金流量表上，這應該顯示為**融資活動**的現金流入。但是 Peregrine 忽略這種情況的經濟現實，相反的，它把這筆交易認列為應收帳款銷售，而且毫不掩飾的將收到的現金認列為**營業活動**的現金流入。

留意風險因素改變的資訊揭露

很多投資人忽略公司財報中「風險因素」的部分，因為這似乎看起來像是法律樣板。**警告投資人**：忽略風險因素，後果自負。儘管隨著一季又一季的經過，大部分的文字都相似，但是投資人應該小心試著辨認出用詞的**改變**。如果公司或會計師認為公司添加新風險或更改之前列出風險的資訊值得揭露，你就必須知道。

舉例來說，在 2001 年，也就是 Peregrine 陷入詐欺事件的前一年，公司增添一項重要的新風險因素資訊，這本該讓投資人從沉睡中清醒過來。Peregrine 兩次更改揭露的風險因素，第一次是在 2001 年 6 月，然後在 2001 年 12 月再次更改。2001 年 6 月揭露的風險因素是告知讀者 Peregrine 正在從事新客戶的融資安排，包括貸款融資和租賃解決方案。她還報告說一些客戶無法履行義務。只是揭露涉及到風險因素這件事，就告訴你這件事很重要。

▶ Peregrine 在 2001 年 6 月揭露的新風險因素

　　此外，還有其他因素，包括由總體經濟環境導致的間接因素，可能會在一季或幾季內對我們的經營產生不利影響。舉例來說，在當前的經濟環境下，我們已經經歷到一些客戶對客戶融資需求的增加，包括貸款融資和租賃解決方案。我們預期客戶融資的需求會持續下去，而且我們從事客戶融資業務，因為我們相信這是獲得業務的競爭因素。雖然我們已經制定監控和降低相關風險的計畫，但不能保證這類計畫會有效降低相關的信貸風險。如果客戶無法履行義務，我們就會遭受損失。如果未來出現損失，可能會損害我們的業務，而且會對我們的經營表現和財務狀況造成重大不利的影響。

　　然後在 2001 年 12 月，Peregrine 在 6 月截止的財報中，新揭露的風險因素最後加了一小段話，雖然只有 12 個英文字，但讀起來像是將有一場猛烈火災的警報：

▶ Peregrine 在 2001 年揭露的新風險因素

公司有時可能會向特定客戶推銷沒有追索權的應收帳款。

　　Peregrine 做的不只是尋找新方法來提供客戶融資，還包括試著銷售應收帳款。這個新句子的神祕特性，再加上悄悄的揭露其他地方沒有提到的風險因素，非常令人擔憂。Peregrine 顯然在向投資人隱瞞一些重大事件，而且試著只是遵守最低限度的財報揭

露要求。

▌組合國際電腦公司做出的會計「決定」

組合國際電腦公司 2000 年的年報顯示，那年的營業活動現
金流其中一個主要來源是來自第四季將應收帳款分配給第三方的
「決定」。不過公司沒有提供其他詳細資訊，投資人不了解這項
安排的細節、「分配」的機制，或是影響的程度。

> **▶組合國際電腦公司 2000 年年報揭露應收帳款**
> 本年度的主要現金來源是經過非現金費用調整後較高的淨收
> 入。其他的現金來源包括大量未收回的應收帳款，以及**第四季公
> 司決定將選定的現有分期應收帳款分配給第三方**。公司可能會持
> 續考量利用融資公司，來作為快速減少債務、降低利率風險與減
> 少分期付款應收帳款餘額的工具。

回想第三章〈操弄盈餘舞弊手法 1：提前認列營收〉提到，

美國證券交易委員會從 1998 年至 2000 年就指控組合國際電腦公司提早認列超過 33 億美元的營收。就跟 Peregrine 一樣，組合國際公司需要掩蓋這筆假營收。公司發現一個免除應收帳款的方法，而且似乎試圖讓這樣的資金轉移保密。每當公司揭露一項驅動營業活動現金流（或其他重要指標）的神祕新安排時，投資人都應該去了解這項安排的機制。只有重大改變才需要揭露新的資訊，因此當你發現一些新內容時，要認為這是很重要的事。從好的一面來看，這可能只是一項非經常性的利益，也許對你的分析很重要。然而從另一面來看（以組合國際電腦公司為例），這可能是個危險信號，顯示出有嚴重不當的地方。

▎有沒有追索權？

當一家公司銷售應收帳款時，通常會在「沒有追索權」的安排下進行，這意味著客戶違約的風險會轉移給買家（通常是金融機構）。如果應收帳款是以「沒有追索權」的基礎下出售，那收到的現金會被視為營業活動現金流入。相反的，萬一賣方保留某些信貸風險（「有追索權」），那這項交易就會視為是一種借貸的形式，收到的現金就會被歸類為融資活動現金流入，而對營業活動現金流入沒有影響。在有追索權的交易安排下，營業活動現金流和自由現金流應該不會受到影響。

有時公司會搞混，把收到的現金納入營業活動現金流的一部分，即使存在信用風險，而且應該適當的分類在融資活動項目上。中國建築設備製造商中聯重科就是這樣的例子，當時公司聲稱已經以無追索權為基礎出售應收帳款（因此將收到的 52 億人民幣視為營業活動現金流的一部分），而實際上它仍然保有一些信用風險。具體來說，精明的分析師可能會注意到，中聯重科揭露公司有義務因為客戶違約導致設備收回下，從金融機構買回設備。（請見公司 2014 年年報的附注。）即使中聯重科沒有直接承擔壞帳風險，但是回購的承諾要求公司在債務變壞時提供現金。我們認為，這相當於提供追索權，只是以一種更為複雜的方式提供。

▶ **中聯重科 2014 年的年報**
截至 2014 年底的會計年度，51.97 億人民幣的貿易應收帳款（2013 年是 20.21 億人民幣）以沒有追索權的方式出售給銀行和其他金融機構，因此終止認列。根據無追索權的出售應收帳款合約，本集團同意在這些銀行或金融機構根據相關設備銷售合約**收回設備時，從銀行與其他金融機構以公平價格買回集團先前出售應收帳款的相關設備。**

展望未來

　　管理階層誇大營業活動現金流入的第二個明顯方法也許是把一些「壞東西」從營業活動項目推到現金流量表的其他地方（也就是現金流出）。下一章要說明這些現金流到投資人檢視較少的投資活動項目有多容易。

第十一章 現金流舞弊手法 2

將營運現金流出移到
其他活動下

　　國際卡車司機工會（Teamsters Union）腐敗的領導人吉米·
霍法（Jimmy Hoffa）1975 年 7 月 30 日離開底特律一家餐廳後消
失得無影無蹤。大家普遍相信他是在一場暴動中被「襲擊」。儘
管聯邦調查局已經搜尋 35 年，還是無法找到他的遺體。都市傳
說紛雜，對他最後的安息之地有很多不同的說法，像是新紐澤西
州的垃圾掩埋場、密西根的給水廠、佛羅里達州的沼澤，甚至
（舊的）巨人球場（Giants Stadium）。只有一件事是肯定的：埋
葬吉米·霍法的人不希望有人找到他。

　　像處理霍法後事的人一樣，很多公司都有祕密的垃圾場，以
免討厭的現金流出被任何人發現。這個地方稱為現金流量表的

「投資活動」項目。公司已經發現許多巧妙的方法來把正常的營業活動現金流出丟到投資活動項目，希望這些現金流出永遠消失。而且就跟聯邦調查局尋找吉米‧霍法一樣，大多數投資人只有非常少的線索去判斷該到那裡尋找這些現金流出。

不幸的是，儘管我們無法幫助聯邦調查局搜尋霍法，但我們肯定能夠幫助投資人找到隱藏現金流出的線索。這一章會告訴你該去哪裡尋找。我們會呈現出可以找到這些管理階層喜歡掩蓋在投資活動項目的現金流出的方法，即使他們似乎看起來更像是營業活動相關的現金流出。而且我們會討論以下四個將這些營業活動現金流出移往投資活動項目的主要技巧。

> ▶ 將營運現金流出移到其他活動下
> 1. 以迴力鏢交易來誇大營業活動現金流
> 2. 不當的將正常的營業成本資本化
> 3. 將買進存貨認列為投資活動的現金流出
> 4. 將營業活動現金流出從現金流量表移出

這四個方法就是這些公司藉由把正常營運成本丟到投資活動來誇大營業活動現金流的案例，如圖 11-1 顯示。

圖 11-1

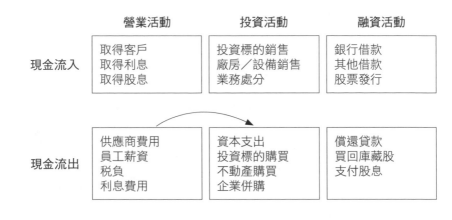

	營業活動	投資活動	融資活動
現金流入	取得客戶 取得利息 取得股息	投資標的銷售 廠房／設備銷售 業務處分	銀行借款 其他借款 股票發行
現金流出	供應商費用 員工薪資 稅負 利息費用	資本支出 投資標的購買 不動產購買 企業併購	償還貸款 買回庫藏股 支付股息

1. 以迴力鏢交易來誇大營業活動現金流

環球電訊公司是 1990 年代網路泡沫期間發展最快的科技公司之一。當時它正建設一條海底光纖網絡，連接四大洲超過兩百個城市，而且投資人對於公司前景顯然很興奮。然而，隨著這個計畫在 2000 年和 2001 年初接近完成，批評家開始懷疑環球電訊公司是否能出售足夠的網絡容量來彌補這個計畫的高額成本，並償還公司龐大的債務。

在質疑環球電訊公司的時候，這家公司似乎總能大動作反駁這些反對者：「看看我們正在創造的現金。」環球電訊公司簽下很多重要的合約，出售未來的網絡容量，並從客戶那裡預先收取現金，而且有營業活動現金流入數字來證明。2000 年，儘管公司的

盈餘是負 17 億美元,但是公司向投資人報告的營業活動現金流是正的 9.11 億美元。(見表 11-1。)

表 11-1　環球電訊公司的營業活動現金流與淨利比較

(百萬美元)	1998 年 會計年度	1999 年 會計年度	2000 年 會計年度	2001 年 6 月, 上半年
營業活動現金流(CFFO)	349	732	911	677
淨利(虧損)(NI)	(88)	(111)	(1,667)	(1,246)
CFFO-NI 的差距	437	843	2,578	1,923

　　通常,對於一家產生營業活動現金流比淨利多很多的公司,投資人都會相當高興。確實,從客戶那裡收到的這些預付款可以合理解釋其中的差異。然而,有一大部分與操縱營業活動現金流的迴力鏢計畫有關。

　　隨著科技產業的發展趨緩,環球電訊公司和其他電信公司提出一項計畫來有效的相互推銷產品,藉此增加營收。從純粹經濟學的角度來看,這就像是從右邊口袋掏錢出來放到左邊口袋一樣:沒有改變什麼事。

　　運作方法是這樣:環球通訊公司向電信客戶賣出很大一部分的未來網絡容量,同時公司向相同的客戶買進類似金額的容量。換句話說,環球電訊公司把網絡容量賣給客戶,**同時**在不同的網絡上**買進相同數量的容量**。這是典型的**迴力鏢**交易。你幾乎可以想像到一些環球通訊公司的高階經理人會這樣告訴客戶:「如果

你幫我，我也會幫你。」

那麼這跟現金流有什麼關係呢？嗯，環球通訊公司以人為誇大營業活動現金流的方式認列迴力鏢交易。公司將這些交易中從客戶收到的現金認列為營業活動現金流入，然而，它支付給相同客戶的現金則認列為投資活動現金流出。本質上，環球通訊公司藉著抑制投資活動的現金流量來誇大營業活動現金流。這讓公司顯示出強健的營業活動現金流，這顯然超出這項交易的經濟現實。藉著誇大投資活動的現金流來抵銷誇大的營業活動現金流無關緊要，因為**營業活動現金流是投資人關注的關鍵現金流量指標**。你還記得我們之前提過「無所顧忌」這個詞嗎？

█ 留意迴力鏢交易

這些非常隱密的交易會讓你懷疑這些安排的經濟實質性。勤奮的投資人在大多數的時候應該能察覺這些交易；在季報和年報中發現這些消息的揭露，但是不要預期公司會使用「迴力鏢」這個詞。當然，公司會讓投資人花力氣去找，而不會輕易呈現出來。但是，這些交易通常有很多細節，特別是當這些交易規模很大的時候。以環球電訊公司在 2001 年 3 月季報揭露的迴力鏢交易為例。

光是揭露這項交易就應當嚇壞投資人。在季報第 11 頁，環

球電訊公司揭露 4.41 億美元的稅前息前折舊攤銷前獲利中，有
3.75 億美元是來自對客戶的銷售，「公司在本季對這些客戶做出
大量的資金承諾。」而在第 16 頁提醒讀者，環球電訊公司向顧客
買進網絡容量，並提到「新資本承諾的總額估計為 6.25 億美元。」

> ▶ 環球電訊公司 2001 年 3 月季報揭露迴力鏢交易
>
> **第 11 頁：**以第三季的 3.75 億美元來說，這**是**從重要電信客
> 戶收到的現金，列在經常性調整後的稅前息前折舊攤銷前獲利
> （recurring adjusted EBITDA）4.41 億美元下，以及在 16.13 億美
> 元的現金營收（cash revenue）上。這些是**客戶在這季簽下合約，**
> **以一季 5 億美元的價格向環球電訊公司買進網絡容量的金額，而**
> **且在這季，公司也對這些客戶做出重大的資本承諾。**
>
> **第 16 頁：**在這季中，**公司也與多家電信客戶簽訂幾項協議，**
> **用來購買客戶的網絡容量與託管空間。**進行這些交易是為了在具
> 有成本效益下擴展在地網絡；在某些公司預計產能不足的市場，
> 為新建設提供具有成本效益的替代方案；而且隨著公司進行全球
> 網格架構，提供額外的網絡實體多樣性。**這些新的資本承諾總額**
> **估計為 6.25 億美元，**包括可能建設加勒比海系統的費用。

▌看到迴力鏢交易時，升起你的觸角

一旦發現迴力鏢交易，就必須挖掘並了解這項安排的真實經
濟性。你要尋找進一步的揭露訊息，你可以打電話到公司，請管

理階層向你解釋這些安排。你要評估交易的經濟性,而且了解這樣的交易對公司業績的貢獻。考量公司是否故意避免揭露訊息,或是把訊息搞得更為複雜,這可能是公司不想要讓你了解迴力鏢交易的運作方式。如果你不滿意迴力鏢交易,就要避開這家公司。

▎關鍵指標舞弊

你可能想要知道環球電信公司在摘錄的財報中強調的奇怪指標:「現金營收」和「經常性調整後的稅前息前折舊攤銷前獲利」。公司在與投資人溝通時使用這些指標,而且宣傳這些指標是比一般會計原則的營收和盈餘更好的績效指標。你可能會想像,這些指標會這樣定義是為了規避一般公認會計原則。這些定義讓環球電信公司把這些迴力鏢交易收到的現金認列在貸方,這些現金到將來都無法合法的認列為營收。管理階層故意繞過一般公認會計原則的整個概念來誤導投資人,非常令人震驚,而且了解這件事非常重要。我們會討論這個主題,而且在 PART4〈關鍵指標舞弊〉有更徹底的討論。

2. 不當的將正常的營業成本資本化

將正常營運成本認列為資產,而不是支出,這聽起來很簡

單，而且坦白的說，這很容易做到。然而，這是這裡最恐怖、最致命的舞弊手法之一。為什麼？因為這種簡單的手法不僅可以美化盈餘，還可以誇大營運現金流。

歷史上最大、最令人震驚的財務詐欺犯世界通訊公司就是這種假造做法的製造商，這絕非偶然。世界通訊藉由將數十億美元正常的營業成本分類在資本設備的購買上，不只人為誇大獲利，還誇大公司的營業活動現金流。

> **TIP** 如果你懷疑一家公司因為不當的資本化而獲得盈餘，請不要忘記營運現金流也會增加。

▌將正常的營業成本認列為資本資產，而不是支出

還記得我們對世界通訊如何不當的藉由認列線路成本（顯然是營運費用）為資產，而非費用，來誇大盈餘的方法嗎？這個簡單的策略幫助公司把自己描繪成有獲利的公司，而不是告訴投資人公司遇到愈來愈大的麻煩。

此舉也使世界通訊呈現出強勁的營運現金流。資本資產的購買（「資本支出」）歸類在現金流量表的投資活動。藉由將線路成本歸類為資本資產，世界通訊把非常高額的現金流出從營業活動移到投資活動。

根據公司重編的財報，這個線路成本舞弊手法使世界通訊的營業活動現金流在 2000 年和 2001 年人為增加將近 50 億美元。加上其他不當的成本資本化與營業活動現金流增加，世界通訊這兩年的營運現金流被高估高達 86 億美元（如表 11-2 顯示，這是財報的 157 億美元與重編財報的 71 億美元的差額）。

表 11-2　世界通訊 2000-2001 年財報與重編財報的營業活動現金流比較

（百萬美元）	2000 會計年度	2001 會計年度	總計
財報顯示的營業活動現金流	7,666	7,994	15,660
不當的將線路成本資本化的金額	(1,827)	(2,933)	(4,760)
其他營業活動現金流的增加	(1,612)	(2,216)	(3,828)
重編財報後的營業活動現金流	4,227	2,845	7,072

在第六章（操弄盈餘舞弊手法 4）中，我們討論幾種辨別出積極進行資本化公司的方法。不誠實的公司高階經理人也許會找到方法來不當的將正常的營業成本資本化；然而，最常見的做法通常與長期的安排有關，像是研發、與長期計畫有關的勞動費用與經常開支費用、軟體開發費用，以及贏得合約或客戶的成本。監控這些帳戶是找出積極資本化的最佳機會。

> TIP　快速增加「軟性」資產帳戶（例如「預付費用、「其他資產」），可能是積極資本化的訊號。

同樣要注意自由現金流

當一家公司不當的認列成本為資產，而非費用時，營業活動現金流就會誇大。然而，就像我們在第一章討論到，自由現金流可能不受影響，因為這是在扣除資本支出之後的現金流衡量指標。就像表 11-3 顯示，計算世界通訊的自由現金流可以看出公司現有的問題有多嚴重：從 1999 年至 2000 年，公司損失 61 億美元。

表 11-3　世界通訊的自由現金流

（百萬美元）	1999	2000
財報顯示的營業活動現金流	11,005	7,666
扣除：資本支出	(8,716)	(11,484)
自由現金流	2,289	(3,818)

一些非常聰明的公司已經弄清楚如何將普通的營業費用從正在流失的自由現金流轉變為現在或未來幾乎沒有成本的公司。舉例來說，2013 年，Salesforce 採用一種不尋常的做法，將多年高額的軟體授權費視為「資本租賃」。在過去的每一年，這些授權類型已經被視為是營業費用，不管是在損益表或提報的現金流量表中的營業活動項目都是如此。

但是，透過將這些授權安排視為一種租賃活動，Salesforce 將大部分支付給軟體供應商的款項從現金流量表的營業活動移到融資活動的「資本租賃義務的本金付款」項目之下。這個項目實際上是整個自由現金流量表倒數第二個項目，不太可能引起分析

師的注意，因為分析師看到提報的現金流量是人為增加數千萬美元。

會計錦囊 自由現金流

　　自由現金流衡量一家公司產生的現金，包括維持或擴展公司資產基礎而付出現金的影響（也就是說，購買資本設備）。自由現金流往往是用以下的方法來計算：

營業活動現金流　**減去**　資本支出

---

3. 將買進存貨認列為投資活動的現金流出

　　銷貨成本對直接費用而言是非常適當的名稱，這是公司為了取得存貨或生產存貨賣給消費者而產生的直接費用。在損益表中，營收扣除銷貨成本會產生公司的毛利，這是衡量公司產品獲利能力很重要的指標。

　　現金流量表有時並不那麼簡單直接。買進商品來賣給投資人的經濟學觀點認為，這些購買應該在現金流量表中歸類為營業活動。通常情況是如此。但是奇特的是，一些公司將這樣的購買視為是投資活動的現金流出。

買進 DVD：是營業活動還是投資活動？

網飛公司（Netflix）在成立初期（還沒有串流業務時）是一家郵寄電影租賃公司。就像你可以想像到的情況，公司最大的一項支出是買進租給客戶的 DVD。DVD 本質上是網飛公司的存貨，因此 DVD 存貨在資產負債表上認列為資產。然後這項資產會被攤提（新發行的版本以一年的時間攤提，已經發行過的版本則以三年的時間攤提），而且你可以預期到，攤提成本會呈現在損益表上的銷貨成本上。2007 年，在網飛公司 12 億美元的營收中，對 DVD 存貨的攤提成本總計為 2.03 億美元。

儘管網飛公司的損益表適當的反映出 DVD 成本的經濟特性，但是現金流量表卻沒有。你可能會認為，買進 DVD 會像買進任何存貨一樣，在現金流量表上呈現為營業活動現金流出（特別是買進只用一年時間攤提的新發行 DVD）。但是網飛公司並不是這樣看待。相反的，公司認為買進 DVD 是買進資本資產，因此要在投資活動上呈現出現金流出。這種處理方式有效的將高額的現金流出（買進 DVD）從營業活動項目移到投資活動項目，因此誇大營業活動現金流。

有趣的是，當時網飛公司的競爭對手百視達（Blockbuster Inc.）是一家保守處理會計事務的公司，卻在 2005 年底改變取得 DVD 的會計處理方式。先前，百視達就跟網飛公司一樣，將買

進 DVD 視為是投資活動的現金流出。然而,在與監理機關美國
證券交易委員會協商之後,百視達開始把買進 DVD 視為是營業
活動的現金流出,並調整過去的數字。

在與競爭對手比較時,考慮會計政策的差異

由於網飛公司把買進 DVD 放到投資活動項目,而百視達放
在營業活動項目,因此投資人沒有什麼能力能在沒有做出調整的
情況下比較兩家公司的營業活動現金流。就像表 11-4,2007 年,
網飛公司的營業活動現金流比百視達還來得強勁,然而,針對
DVD 的購買進行會計調整之後,可以發現差異並不明顯。

表 11-4 (2007 年會計年度)網飛和百視達的營業活動現金流,提報的金
額與將網飛的營業活動現金流扣除買進 DVD 費用後的調整金額

(百萬美元)	網飛	百視達
營業活動現金流,提報金額	291.8	(56.2)
取得 DVD 存貨的認列方式	投資活動的現金流出	營業活動的現金流出
取得 DVD 存貨的金額	(223.4)	(709.3)
以相同基準比較(用百視達的認列方法)	68.4	(56.2)

對任何聽起來像是正常營業成本的投資活動現金流出提出質疑

儘管許多分析師宣稱閱讀現金流量表其實是他們分析的一部
分,但是他們有很多人卻沒有仔細閱讀營業活動項目。只要瀏覽
網飛公司的投資活動項目就會發現公司把「取得 DVD 存貨」列

為投資活動。即使對網飛公司業務只有基本了解的投資人都會清楚了解到，取得 DVD 應該是網飛公司正常的營業成本。

▌ 買進專利與最新開發的技術

一些專業的職業運動隊伍會在球員名單裡填滿他們挖掘、選秀和在自己組織裡培養的球員。其他球隊則仰賴「自由球員」市場，簽下已有戰績證明的球員（儘管價格通常高很多）。同樣的，有些公司仰賴內部研發計畫來讓事業自然成長，而其他公司則選擇藉由併購開發階段的技術、專利或授權許可，來讓公司無機成長。儘管不同的商業策略都會達到相同的目的，不過現金流量表上經常會以不同的方式來看待這些支出。具體來說，支付給員工和供應商供內部研發的現金會被列為營業活動的現金流出。但是，一些公司將以現金買進的研發計畫產品列為投資活動的現金流出。

在某些產業中，取得開發階段的技術被認為稀鬆平常。舉例來說，小型生物科技研發公司往往會開發新藥，接著在食品藥物管理局即將批准新藥發售時，把這些新藥的權利賣給大型製藥公司。接著，較大型的製藥公司成為新藥的擁有者，獲得全部的利潤。在分析製藥公司業務的時候，你當然應該考量為了獲取藥物權利所付出的現金。然而，因為付出的現金被歸類在投資活動項

目，很多投資人並不知道它們的存在。

以生物製藥公司塞法隆（Cephalon）為例。為了持續保持快速成長，塞法隆公司在 2004 年和 2005 年花 10 億美元大採購，買進幾個新藥開發相關的專利、使用權和許可證。塞法隆將這些現金支出列為「併購」，並把它們丟到現金流量表的投資活動項目。如果這些支出被列在營業活動項目，那營業活動現金流在這兩年都會呈現嚴重的負值。（見表 11-5）。

表 11-5　塞法隆的營業活動現金流（扣除新藥買進成本的調整之後）

（百萬美元）	2003	2004	2005
提報的營業活動現金流	200.2	178.6	185.7
「取得」新藥的專利、權利與許可證	—	(528.3)	(599.7)
調整後的營業活動現金流	200.2	(349.7)	(414.0)

同樣的，語音識別軟體公司鈕安斯通訊（Nuance Communications）大量併購開發階段的技術。2014 年，鈕安斯在現金流量表的投資活動現金流出科目顯示 2.53 億美元的「企業與科技併購支出」。對公司來說，這是非常大的一筆現金流出，尤其是這筆金額與那年產生的 3.58 億美元營業活動現金流有關。但是，儘管花了這麼大一筆錢，鈕安斯公司仍然認為併購的每個業務單位並不重要，而且幾乎沒有提供實際買進技術的詳細資料。當然，在分析鈕安斯通訊的現金流時，應該考量這些現今花在哪些資產上，因為這很可能與併購的技術和其他開發費用有關。

今天我很高興能幫你付漢堡費

有趣的轉折是，2010 年與威朗製藥合併的百歐菲爾公司
（Biovail Corporation）透過非現金交易買進某些藥品的權利，取
得這些藥品的所有權。百歐菲爾公司在出售時沒有支付現金，而
是藉由發行票據來補償賣方，這個票據實際上是長期的借據，公
司會以這些借據在未來付出現金。因為銷售當時沒有現金交易，
因此對於現金流量表沒有影響。而且隨著百歐菲爾公司逐漸付清
票據，付出的現金會以償還借款呈現在現金流量表上，這是融資
活動的現金流出。

百歐菲爾公司不用現金買進產品的權利、塞法隆買進專利與
網飛公司買進 DVD，全都可以視為相同的情況。這樣的經濟學
表明，這些都是與正常業務有關的買賣，但是反映在現金流量表
上卻非常不同。在分析百歐菲爾公司創造現金的能力時，這樣的
買賣當然不能忽視。

尋找「現金流的補充資訊」

公司經常提供非現金活動的揭露資訊，稱為「現金流的補充
資訊」（Supplemental Cash Flow）。有時這樣的資訊揭露會立即在
現金流量表後發現，然而，有時公司會將這樣的資訊揭露隱含在
附注中。舉例來說，百歐菲爾公司在現金流量表後 30 頁才在現

金流的補充附注中揭露這項非現金購買的訊息。

> ▶ 百歐菲爾公司的現金流補充資訊揭露
>
> 　　2003 年，**非現金投資和融資活動包括與併購**安定文錠
> （Ativan®）和易適倍錠（Isordil®）相關的長期債務 $17,497,000 美
> 元，以及認購 Reliant 製藥公司 D 系列特別股 8,929,000 美元，以
> 償還 Reliant 製藥公司部分的應收貸款。2002 年，非現金投資和融
> 資活動包括與併購扶世泰（Vasotec®）和 Vaseretic® 相關的長期債
> 務 $99,620,000、與威克倦（Wellbutrin®）和耐菸盼（Zyban®）相
> 關的長期債務 $69,961,000 美元，還有與艾賽可威（Zovirax）經
> 銷協議修正相關的長期債務 $80,656,000 美元。

4. 將營業活動現金流出從現金流量表移出

　　本章最後一部分要顯示充滿創意的管理階層如何找到方法，
將不受歡迎的營業活動現金流出移除現金流量表。

　　提供員工退休金計畫的公司大多數都會用現金來投資這些計
畫，這些現金是用來投資公司成長，並滿足公司預計的長期義
務。這些奉獻有個不幸的效果，就是減少提報的現金流。如果可
以在不耗盡珍貴現金流的情況下提供退休金資本會如何？

　　2011 年，生產包括約翰走路（Johnnie Walker）、斯美諾伏特
加（Smirnoff）和健力士（Guinness）的烈酒製造商帝亞吉歐

（Diageo），在公司的退休金計畫上提供價值 5.35 億英鎊的威士忌。隨著威士忌的陳釀，價值會增加，進而改善計畫的資金狀況。一直以來，提報的現金流依然不受影響。同樣的，在 2016年，IBM 提供 2.95 億美元的美國國庫券在公司既定的福利計畫上，省下公司提報的現金流。

──────────── 展望未來 ────────────

就像這章顯示的，將營業活動現金流移到投資活動項目對管理階層很有吸引力，他們希望以更強勁的現金流來吸引投資人。好吧，對管理階層來說，這怎麼說都是件好事。

第十二章 現金流舞弊手法3

利用無法持續的活動來增加營運現金流

熱門遊戲節目《誰會成為百萬富翁？》（*Who Wants to Be a Millionaire?*）在超過 100 個國家有在地版本，這一直是最成功的授權電視節目。這個遊戲吸引人的簡單：參賽者會被問到高達 15 個瑣碎的問題。正確回答所有問題的人就會得到大獎，但是如果參賽者答錯一題，就要打道回府。

如果一個參賽者正在為一個問題苦惱，那麼遊戲規則允許使用「求救」。例如，有種求救是允許參賽者請求朋友幫忙，另一種則是讓參賽者可以從觀眾投票中尋求意見。這些求救方式被證明非常有價值，而且往往會讓苦惱的參賽者通過難關。然而，他們必須明智的使用這些工具，因為只有三次求救機會，一旦用完

這些機會，就沒了。

同樣的，陷入困境的公司往往會使用有價值的「求救工具」，來幫助他們維持現金流。就像這個遊戲節目一樣，公司通常會明智而合法的使用這些求救工具。但是與這個遊戲節目不同的是，公司可能不會揭露這些非經常性現金流求救工具的使用情況。得由你去找到它們，因為一旦公司用完這些工具，就會破產。

在這章中，我們會討論四種公司用來提高營業活動現金流、無法持續使用的求救工具。

> ▶ 利用無法持續的活動來增加營運現金流的技巧
> 1. 更慢付款給供應商，來增加營業活動現金流
> 2. 更快向客戶收取費用，來增加營業活動現金流
> 3. 買進較少的存貨，來增加營業活動現金流
> 4. 以一次性利益來增加營業活動現金流

1. 更慢付款給供應商，來增加營業活動現金流

想要在今年存下更多現金嗎？那就使用「延遲付款」求救工具：等到隔年一月初再付十二月的帳單。如果你將付款延遲一個月，年底的銀行帳戶餘額就會更高，而且在這樣的妝點之下，今

年似乎可以創造更多現金。然而，你肯定不會被迷惑，認為每年能重複以這樣的方式來讓現金流成長。相反的，你會意識到這是一次性利益。為了讓現金流在隔年再次成長，你必須將年底兩個月的帳單付款推遲到隔年一月。

你的「延期付款求救工具」可能是一種有用的現金管理策略，而且持有現金超過一個月肯定沒有錯。同樣的，對一家公司來說，花更長的時間還錢給供應商，並立即獲得現金管理效益是完全適當的做法。但是，就跟你的情況一樣，公司無法持續將付款延期到永久。延遲付款的現金利益（也就是增加應付帳款）應該被視為是一次性活動，而不是公司發現可以持久創造更多現金方法的一種跡象。儘管這似乎很像是常識，但是你會很訝異有那麼多公司會吹噓自己的營業活動現金流優勢，卻忘記提及他們有個小祕密：他們是藉由拖延付款、沒有及時付款給供應商來增加營業活動現金流。

▌家得寶壓榨供應商

羅伯特・納德利（Robert Louis Nardelli）在爭奪奇異公司傳奇人物傑克・威爾許（Jack Welch）的內部接班位置失利幾天後得到一個安慰獎：接手家得寶（Home Depot）的最高職位。納德利在 2000 年 12 月馬上被任命為首席執行長，這家努力求生的居

家修繕零售連鎖公司迫切需要他的幫忙。董事會很喜歡他的奇異公司血統，並立即以極為優渥的薪資條件來獎勵他。而且納德利肯定知道如何取悅他們。在任職的第一年，他讓營業活動現金流成長到超過兩倍，從 28 億美元增加到接近 60 億美元。這讓不太擔憂這種爬升細節的投資人非常興奮。

但是這種現金流成長後來證明並無法持續，而且與業績銷售的增加無關。在第一年，納德利很出色的重新定義家得寶與供應商的業務往來做法。具體來說，公司開始非常惡劣的對待供應商，以更緩慢的速度付款給他們。到了 2001 年會計年度的年底，家得寶成功的將應付帳款付款時間從前一年的 22 天延長到 34天。公司的現金流量表（見表 12-1）顯示，這種看似微小的應付帳款變化，卻是公司現金流驚人成長的主要驅動力。營業活動現金流成長另一個重要部分則是每家店的存貨數量減少了（本章稍後會討論）。

好的，任務在 2001 年完成。隔年，家得寶面對挑戰，要比2001 年不可思議的業績表現還要更好。不過，為了讓營業活動現金流再次成長，公司首先必須複製 2001 年的成長，不過 2002 年不會再有這樣的成長。因此公司必須在 2002 年再延長付款期限，但是無法超過前一年的範圍（因為付款的週轉天數從 34 天提到41 天）。2002 年的營業活動現金流從 2001 年的 60 億美元下降到2002 年的 48 億美元。

表 12-1　家得寶 2000-2002 年的現金流量表

（百萬美元）	會計年度		
	2000	2001	2002
淨利	2,581	3,044	3,664
折舊與攤銷	601	764	903
應收帳款增加，淨值	(246)	(119)	(38)
商品存貨增加	(1075)	(166)	(1,592)
應付帳款與應計負債增加	268	1,878	1,394
遞延營收增加	486	200	147
所得稅費用增加	151	272	83
遞延所得稅增加（減少）	108	(6)	173
其他	(78)	96	68
營業活動提供的淨現金	2,796	5,963	4,802

會計錦囊 **應付帳款週轉天數**

應付帳款週轉天數（Days payable outstanding, DPO）通常會這樣計算：

DPO ＝應付帳款／銷貨成本 × 這段期間的天數
（以一季來說，91.25 天是正常的近似值）

投資人應該以週轉天數來分析應付帳款，這樣的方法與分析應收帳款（應收帳款週轉天數，DSO）和存貨（存貨週轉天數，DSI）相同。應付帳款週轉天數的增加，意味著公司以更長的時間來償還應付帳款。應付帳款週轉天數的減少，意味著公司更快支付帳單。

投資人應該注意到，納德利的現金管理技巧肯定不適當，而

且似乎是對公司的營業活動有利。然而，這裡得出的結論是，2001 年營業活動現金流的增加應該被認為是非經常性的活動。機警的投資人應該會正確預估到 2002 年的營業活動現金流出現萎縮。

留意應付帳款可疑的大量增加

應付帳款相對於銷貨成本的增加，告訴你公司可能已經將付款給供應商的時間延長。評估到營業活動現金流成長的程度是來自延長付款給供應商的時間，並認為這種情況與營業活動的改善無關，是無法持續的成長。

察看到現金流量表上有大筆現金波動

很快的察看 2001 年家得寶的營業活動現金流，可以看到應付帳款與存貨的改善是營業活動現金流成長的主要動力。（見表 12-1。）在接下來的一年中，很明顯家得寶沒有能力持續改善現金流，這就是營業活動現金流惡化的主要原因。

當公司使用應付帳款「融資」時要當心

有些公司會藉著讓銀行參與與供應商的交易，選擇用自己的應付帳款來「融資」。在這種所謂的供應商融資安排中，一家公司不會直接付錢給供應商，相反的，是銀行付款給供應商，之後

公司再把錢還給銀行。這些交易會導致公司的資產負債表上產生銀行債務，取代原來的應付帳款。由於償還銀行債務在現金流量表上被歸類為融資活動，因此為了這項存貨而付出的現金就永遠不會顯示為營業活動的現金流出。

舉例來說，無線電信供應商 T-Mobile 為手機和網路設備供應商提供賣方融資安排。光是在 2015 年，T-Mobile 就償還用來購買手機存貨和網路設備的短期債務 5.64 億美元。為了方便起見，這些現金流出隱含在 T-Mobile 的現金流量表的融資活動中。

這個故事顯示，在對現金流量表的直接交易進行分類時，管理階層有很大的裁量權。為了適當的對競爭對手產生的現金流進行比較，投資人必須對這種政策差異進行調整。每家公司都提供充分的揭露資訊來了解現金流量表的分類。勤奮的投資人會使用這些揭露資訊來反映兩方的貸款交易（現金流入和現金流出）是融資活動，而不是營業活動。

> **TIP**　應付帳款是一個相對簡單的科目。如果你看到要用好幾句話來討論應付帳款，很可能你會想要知道其中的一些內容（舉例來說，應付帳款融資安排）。

留意其他應付帳款的變動

應付帳款不只是公司用來管理現金流的唯一義務。營業活動現金流可能會受到很多負債科目的付款時機所影響，包括所得稅費用、薪資費用與獎金支付，以及退休金計畫的款項。以卡拉威高爾夫球公司（Callaway Golf Company）為例，2005 年公司的稅務情況導致強勁的營業活動現金流無法持續。

卡拉威在賽季中間進行一場漫長的比賽，這樣的貢獻似乎有了回報。2005 年，卡拉威使營業活動現金流推高到 7030 萬美元，與 2004 年提報的 850 萬美元相比有很大的進步。快速查看現金流量表可以看到，營業活動現金流的成長來自一項正向的波動，也就是說，稅收費用和應收帳款出現 5580 萬美元的「波動」（顯然是因為退稅與稅務結算所導致）。對投資人來說，在現金流量表上發現這種稅收波動，大概就可以判斷卡拉威強勁的營業活動現金流成長並無法重現。

2. 更快向客戶收取費用，來增加營業活動現金流

另一種能產生非經常性的營業活動現金流增加的方法是說服客戶盡快付款。這當然不會被認為是件壞事，甚至可以很好的說明公司對客戶有很強大的影響力。然而，就像我們在討論延長應付帳款的付款時間一樣，公司無法持續用更快的速度收取費用。

結果，加速向客戶收費所產生的營業活動現金流成長應該被認為是無法持續的情況。

▌ 留意更高的預付款所帶來的營業活動現金流增加

對投資人和放款機構來說，高端電動車製造商特斯拉（Tesla Motors）的流動性和現金流是特別重要的指標。自從 2003 年公司成立以來，特斯拉從沒有一整年的自由現金流全是正數，因此公司完全是仰賴債務融資和發行股票來維持營運的資金。2016年，特斯拉的營業活動現金流出似乎有所改進，淨流出的現金從 2015 年的 5.24 億美元下降到 1.24 億美元。然而，那年現金流最明顯的改變在於，公司引進 Model 3 概念車，**開始接受訂單，並收取可退還的押金**。這些押金總計產生 3.5 億美元的額外現金流入，占 2016 年財報成長的 88％。有疑慮的投資人會注意到，根本上來說，這個事業持續以先前的速度消耗現金，但因為成功的行銷活動，使公司能夠加速「借用」未來的顧客付款，因而提出更好的財報結果。

▌ 留意影響現金流時機的詳盡策略

在視算科技（Silicon Graphics）2006 年 5 月破產前的幾季，

你肯定會發現加速收取貨款的警告訊號。公司背負沉重的債務，而且盡其所能的以一己之力向投資人描繪出公司擁有更強大的流動性部位。不像其他使用強勢地位來向客戶加速收取貨款的公司，視算科技在財務狀況惡化下被迫提供產品折扣，引誘客戶提早付款。這裡以公司在 2015 年 9 月季報揭露的訊息為例。而且也要注意視算科技玩弄的另一個現金管理花招：在季底持有供應商的付款，並買進存貨，藉此顯示出現金餘額在季底最後一天達到最高點。謹慎的投資人會注意到這些問題，並且知道災難就在不遠處。

▶ 視算科技公司 2005 年 9 月季報

在 2006 年會計年度第一季，我們繼續專注在收回客戶的現金貨款，並**提供一些客戶提早付款的折扣**。因此，在 2005 年 9 月 30 日，我們的應收帳款週轉天數是 37 天，比 2005 年 6 月 24 日的 49 天與 2004 年 9 月 24 日的 39 天還低。我們預期應收帳款週轉天數會更符合 2006 年會計年度第二季的歷史水準。

我們的現金水準在這季裡也歷經強大的波動，因此**我們的現金餘額一般在每紀末會達到最高點，在其他時刻則顯著較低**。這些季度內的波動反映出我們的商業週期，在季初有明顯買進存貨的需求，而大多數的銷售則在每季的最後幾週結束。**為了在每一季裡讓沒有限制的現金維持在適當的水位，我們提供一些客戶提早付款的折扣條件，並在下一季初保留特定供應商的付款。**

小心營業活動現金流有明顯的進步

中國電信設備製造商 UT 斯達康公司（UTStarcom）2008 年初的財報在營業活動現金流上有顯著的改善。在 2007 年的經濟蕭條之後，營業活動現金流連續四季出現負數（消耗的現金總計 2.18 億美元）。2008 年 3 月，公司突然提報有 9700 萬美元的正現金流。投資人很快就注意到這種現金流的轉變是因為採取各種特別積極的營運資金行動所造成。快速瀏覽資產負債表會發現，應收帳款減少 6500 萬美元，而且應付帳款增加 6600 萬美元。季報提供更多蛛絲馬跡，並提到我們警告的其中一種「管理階層決策」，這是我們在第十章〈現金流舞弊手法 1：將融資現金流入移到營業活動下〉用臭名昭彰的組合國際電腦公司當作範例的做法。（請見下面 UT 斯達康公司 2008 年 3 月季報揭露的資訊。）

> **▶ UT 斯達康公司 2008 年 3 月季報揭露的資訊**
>
> 應收帳款的減少主要是因為我們的 PCD 業務部門強力的收回客戶貨款，應付帳款的增加是由於 2008 年第一季底大量買進存貨，以及**管理階層決定放棄提供重要供應商的早期付款折扣**的結果。

UT 斯達康公司繼續報告整個 2008 年剩下的時間營業活動現金流是負數。儘管第一季的營業活動現金流有 9700 萬美元，但

是公司在年底陷入困境，營運現金流燒掉 5500 萬美元。

TIP 儘管很多投資人對於管理階層說到「積極管理營運資金」感到滿意，但是你應該要把這件事視為是警告訊號，顯示出近期營業活動現金流的成長可能無法持續。

3. 買進較少的存貨，來增加營業活動現金流

還記得 2001 年家得寶因為延長付款給供應商的期限而得到無法持續的營業活動現金流成長嗎？好吧，公司還有另一個讓營業活動現金流改善的錦囊妙計，那就是買進較少的存貨。

本章前面討論羅伯特・納德利如何藉由延長付款給供應商的時間，並減少每家商店的存貨量，在任職第一年將家得寶的營業活動現金流變成兩倍。家得寶只是簡單藉著在商品賣出後不讓商品再上架來降低存貨水準。換句話說，這家公司只是沒有從供應商那裡買進跟前一年一樣多的存貨。

就很像納德利領導的家得寶藉由「化妝」（更慢付款給供應商）來使營業活動現金流得以改善的方法一樣，選擇買進較少存貨的公司也可以使營業活動現金流帶來人為不可持續的成長。讓我們回顧表 12-1 家得寶的現金流量表，可以看到存貨從 2000 年的 11 億美元現金流出，變成 2001 年只有 1.66 億美元的現金流出

（然後隨著利益回沖，到 2002 年又回到 16 億美元的現金流出）。

公平來說，家得寶在年報的流動性和資金來源科目中所揭露的資訊非常清楚提到，營業活動現金流的成長主要是由於應付帳款的延長，以及每家商店的存貨減少所導致（請參閱下面的 BOX）。投資人閱讀整份財報文件會很有收穫，因為可以在財報文件深處發現這些重要的資訊。

▶ 家得寶 2002 年年報

　　2001 年會計年度，營業活動產生的現金從 2000 年會計年度的 28 億美元增加到 60 億美元。這樣的增加主要是因為應付帳款週轉天數從 2000 年底的 23 天增加到 2001 年底的 34 天，到了 2001 年底，每家商店的平均存貨減少 12.7%，而且營業利益增加了。

第二年，家得寶並沒有從存貨的減少中受益。然而，公司在流動性和資金來源科目做出很好的調整，表明在前一年削減太多存貨。

▶ 家得寶 2003 年年報

　　在 2002 年會計年度，營業活動產生的現金從 2001 年的 60 億美元減少 48 億美元。減少的主要原因是**我們在 2002 年專注在改善存貨狀況，導致每家商店的平均存貨減少 7.9%。**

> **TIP** 季報和年報裡埋藏一些驅動現金流的見解，這是財報中最重要的部分，但是很多投資人並不知道它的存在。想要找到這些內容，就要看管理階層的討論與分析（Management Discussion and Analysis，MD&A），這個科目通常被稱為「流動性和資金來源」。這個科目是分析每家公司必讀的內容。

▌留意每季裡買進存貨的時機資訊

視算科技在每季一開始買進存貨，然後在期末盡可能減少存貨，直到當季結束才買進更多存貨。（見前面討論視算科技時揭露的季報資訊。）與應收帳款和應付帳款的管理計畫一樣，這家公司使用這個策略來操縱投資人的看法，讓投資人認為公司在瀕臨破產邊緣時還有足夠的流動性。

4. 以一次性利益來增加營業活動現金流

微軟在 2004 至 2007 年間花數十億美元來解決反托拉斯訴訟。昇陽電腦（Sun Microsystems）是收到最多訴訟金的一家公司，2004 年從微軟那裡收到近 20 億美元的賠償金（16 億美元馬上被認列為收益）。昇陽電腦在損益表中清楚顯示出這麼大的一

筆收入，並單獨列為「處分收益」。昇陽揭露的訊息很容易讓投資人了解這項處分是非經常性的收入，而且與正常的營業活動無關：據報導，這是「營業活動外」的非經常性收益。

但是，昇陽電腦的現金流量表呈現得並不清楚。這家公司認列 20 億美元的營業活動現金流入（在間接法中是適當的做法），但是並沒有在現金流量表中單獨列出來，相反的，它只是與淨利綁在一起。就像你想像的情況，20 億美元的處分收入對昇陽的財報來說相當重要，2004 年整體的營業活動現金流是 20 億美元，比 2003 年的 10 億美元還高。勤奮的投資人會注意到，這種處置反映在損益表上，而且馬上會意識到這是無法持續引進的營業活動現金流。

> **TIP** 非經常性活動所提高的營業活動現金流往往沒有在現金流量表中完全揭露。每當你發現任何一種一次性收益時，問問自己：「這樣的現金流增加會怎麼影響現金流量表？」

────────────── 展望未來 ──────────────

這樣就完成現金流舞弊的討論：用來誇大營業活動現金流的技巧。整體來說，PART2 和 PART3 專注在讓投資人印象深刻的花招，不論是在財報中呈現較高的盈餘或營業活動現金流。在

PART4，我們會顯示一些可能影響管理階層非一般公認會計原則指標與關鍵績效指標的財務舞弊手法。

PART 4

關鍵指標舞弊

為了征服財務舞弊，我們已經爬了前兩座山，還有兩座山等著我們征服。到目前為止，我們一直專注在兩個評估公司業績表現的單獨指標：盈餘和現金流。

　　PART2〈操弄盈餘舞弊〉討論營收與費用數字的操弄、或是把它們移到錯誤的科目或完全錯誤的報表，來操控應計制業績數字的技術。我們強調像淨利這種應計制業績指標的局限性，而且建議投資人應該擴大分析範圍，評估像營業活動現金流和自由現金流之類的現金流量績效指標。

　　PART3〈現金流舞弊〉解決一個相對較新，而且令人不安的現象：管理階層傾向使用現金流舞弊手法來給公司有強大營業活動現金流和自由現金流的錯誤印象。我們還介紹投資人能用來檢測現金流舞弊手法，並移除不可持續成長的現金流，來調整財報數字的策略。

　　在這點上，你可以深呼吸一口氣，並安心的看待自己有能力透過應計制（損益表）和現金制（現金流量表）模型來評估一家公司的「實際」表現，即使管理階層利用舞弊來對投資人隱瞞真正的故事。你也會學到發覺管理階層使用的數十種技巧。

　　但是，你的探索只完成了一半。在 PART4〈關鍵績效舞弊〉中，我們會討論使用其他「績效指標」來評估公司業績和經濟健康狀況的重要性，並揭露公司可能用來掩蓋事件全貌並誤導投資人的舞弊。

兩個關鍵指標舞弊手法

2 種關鍵指標舞弊手法

    1. 顯示誤導性的指標數字，誇大業績表現（第十三章）

    2. 扭曲指標數字，避免顯示出公司經營惡化（第十四章）

    成功的投資需要對一家公司廣泛的財務表現和經濟健康指標進行嚴格的分析。閱讀損益表、現金流量表和資產負債表可以輕鬆找到一些直接相關的資訊，其他重要資訊也許可以從補充文件中蒐集（公司新聞稿、營收公布、財報附注，以及在財報裡的管理階層的討論與分析欄目）。此外，投資人應該研究競爭對手的財報，不只是比較公司的業績與健康指標，還要評估會計原則的應用與揭露的資訊。

    現在你有很多數據要閱讀和分析。這樣很好，但是在深入研究以前，請記得問下面兩個重要的問題：

1. **特定公司最佳的業績指標**是什麼，以及管理階層會強調、忽視，甚至自己變造這些指標嗎？

2. 哪些**最佳指標會顯示出特定公司的經濟情況不斷惡化**，以及管理階層會強調、忽略，甚至自己變造哪些指標？

投資人愈來愈常使用績效相關指標與經濟健康相關指標來評估公司。毫不意外的是，由於管理階層很想取悅投資人，因此管理階層會提供更多資訊，但往往也試著掩蓋任何業務惡化的情況。

　　我們把這種花招稱為關鍵指標舞弊。它們可以分類為（1）業績指標與（2）經濟健康指標。

評估財務表現與經濟健康指標

　　對於某個產業或公司，首先要學習評估經濟表現和健康的最佳指標，包括過去的指標和預期近期的指標。（長期業績預測往往很不準確，而且對投資人幾乎沒有什麼價值。）

　　以一個訂閱制為主的事業為例。首先從損益表上的傳統指標（營收、營業利益、淨利和每股盈餘），以及現金流量表的傳統指標（營業活動現金流和自由現金流）開始。提供這些指標都是正確的，只要不存在任何操弄盈餘舞弊和現金流舞弊。但是，這個列表至少缺少一項極為重要的資訊：公司業務最近的發展。最近的訂閱人數是否有減少？在過去幾季中，從每個訂戶得到的營收是否有下降？因為應計制營收與現金流為主的營業活動現金流指標都只專注在**過去、非預期的營收或現金流**，因此投資人應該期

望去取得或評估基於訂戶的指標，如果有這項訊息會非常有價值。

績效指標的類型

把我們的傳統財務表現指標（例如營收、淨利和現金流）視為像是昨天棒球比賽的**計分表**之類的東西。儘管這個資訊反映過去的表現，但它往往是顯示團隊實力非常適當的指標，而且在很多情況下，可以解釋對明天的期望。然而，有些補充資訊存在，或是有些補充資訊是在計分表以外的地方產生，而且這些資訊對於分析團隊實力來說非常重要。就像棒球歷史學家比爾・詹姆士（Bill James）在開創棒球統計分析的新形式時就意識到這點（而且就像麥可・路易士〔Michael Lewis〕在《魔球》〔*Moneyball*〕中的描述），很多非傳統的棒球統計數據能夠比傳統列在計分板上的指標透露更多真相。

最好的補充性財務指標應該對一家公司近期的經營表現（好或壞）提供額外的見解，能夠搭配基於一般公認會計原則所傳達的傳統財報指標。我們重點介紹管理階層呈現（1）替代營收的指標、（2）替代盈餘的指標，以及（3）替代現金流的指標的方法。

▌替代營收的指標

　　管理階層往往試圖去釐清與擴大在客戶銷售方面揭露的資訊，並提供未來需求與訂價能力的觀察。舉例來說，一家有線廣播公司的營運商可能會揭露訂戶數量、航空公司可能會揭露載客率（load factor，座位被填滿的比例）、入口網站可能會揭露「付費點擊」（paid clicks）數字，以及一家飯店經營者可能會揭露「可用客房總收益」（revenue per available room）。各產業和公司通常會產生自己的獨特指標，來幫助投資人更能掌握公司的業績表現。有些常見的指標被認為可以替代營收，像是同店銷售額、未完成訂單（backlog）、預定量、訂戶數量、使用者平均營收貢獻（average revenue per customer），以及自然營收成長率（organic revenue growth）。

▌替代盈餘的指標

　　管理階層有時會試著提供「更清晰」版的盈餘，以傳達企業真正的營運表現。舉例來說，一家化工製造商可能會在呈現盈餘時移除銷售房地產的龐大一次性收益，傳達可用來比較過去和未來業績的數字。公司往往會對這些非一般公認會計原則的營收替代指標取類似的名稱，即使每間公司的定義都有些不同。一些常

用的指標包括預計盈餘（pro forma earnings）、稅前息前折舊攤銷前獲利、非一般公認會計原則盈餘（non-GAAP earnings）、固定貨幣盈餘（constant-currency earnings），以及自然營收成長率。

替代現金流的指標

就像替代盈餘的指標一樣，管理階層也會試著呈現「更清晰」版的現金流，儘管這可能相對棘手，而且往往會有更多爭議。舉例來說，一家連鎖零售商店也許會呈現的現金流量並不包括一大筆合法處分的一次性現金支付。一些常見的指標通常包括預計營業活動現金流（pro forma operating cash flow）、非一般公認會計原則現金流（non-GAAP operating cash flow）、自由現金流、現金盈餘（cash earnings）、現金營收與營運資金（funds from operations）。

會計錦囊 **預計數字：以同樣的標準進行比較**

每當管理階層對會計原則或分類進行重大改變，或甚至進行併購時，就很難與早期的業績進行比較，就算這並非不可能的事，對投資人來說也可能做不來。因此，為了讓投資人以同樣的標準進行比較，公司（似乎）會將預計調整後的財報當成補充資訊。舉例來說，假設一家公司改變營收認列政策，一般公認會計原則的數字自然會顯示當期的結果，但仍會提供以舊會計政策產

生的前期結果，無疑這會造成混淆。為了幫助投資人進行明智的
比較，預計數字會呈現包括在新營收認列政策下的兩期數字。

經濟健康指標的類別

　　繼續用棒球來類比，如果把分析績效指標視為跟檢視昨天**記
分板**一樣，那麼分析經濟健康指標就好像是檢視今天的棒球**戰績
表**所呈現的團隊累積表現（本期賽季的輸贏）；資產負債表可以
被視為公司目前最新的記錄，反映公司成立以來的累積表現。
（對一些歷史悠久的公司來說，這是非常長的「賽季」。）雖然資
產負債表反應出過去累積的所有表現，但是它能夠呈現對未來的
預期。一支在歷史戰績榜第一名，而且在本季得分榜上領先的棒
球隊，通常會很健康。相反的，一支接近墊底的球隊在累積打擊
率上慘不忍睹，而且比其他球隊失掉更多分，通常不那麼健康，
而且相對不穩定。

　　至於對於特定產業的業績表現描述方法，首先要學習評估經
濟健康與穩定性的最佳指標，包括對過去與近期的預測。最好的
補充性經濟健康指標應該要對公司的資產負債表強項提供更多的
了解，包括公司在以下幾個層面上的表現：（1）取回客戶帳款的
管理、（2）維持審慎的存貨水準、（3）維持財務資產處於適當

的價值，以及（4）控制流動性與還款風險，避免出現破壞性的現金緊縮。

▋評估應收帳款的管理情況

如果取回客戶的應收帳款時間開始變長，投資人應該擔憂。分析師會使用應收帳款週轉天數的指標來發現取回貨款的問題跡象。高應收帳款週轉天數（就像前面討論過的）通常顯示客戶的付款速度變得更慢。或是更糟的情況是，或許管理階層已經使用操弄盈餘舞弊來誇大營收和獲利。現在，如果管理階層想要對投資人隱藏這些問題，它可能會扭曲真正的應收帳款餘額。投資人應該評估應收帳款，來衡量管理階層提供的應收帳款週轉天數指標是否公平反映業務的基本經濟情況。請記住，扭曲應收帳款指標實際上可能是嘗試要隱藏營收問題。

▋評估存貨管理情況

對於一個運作良好的事業來說，健康而審慎的存貨水準非常重要。保留不良產品的存貨會導致資產價值減記，而「熱銷」產品的存貨不夠會失去銷售機會。自然投資人會密切監控存貨水位，並使用一個稱為存貨週轉天數的指標。管理階層也許會創造

一個讓人誤解的存貨指標來隱藏獲利問題，或是只是在資產負債表上將存貨錯誤的分類，使投資人在計算存貨週轉天數使用錯誤的數字。

▌評估金融機構的資產減損

金融機構提供的指標可以使投資人深入了解公司持有金融資產的品質與優勢。舉例來說，公司可能會揭露房貸的拖欠率或投資組合的公平價值。投資人必須監控這些補充性的數據，確保公司認列適當的準備金或減損金額。2008 年的金融危機時，投資人沒有發現公司做出放寬減損標準的決策，因而大受打擊。

▌評估流動性與償債風險

如果投資人無法監控即將出現的大規模現金緊縮威脅，往往就會在沒有任何警告下，面對毀滅性的損失。當信用評等機構迅速將安隆的債券評等降至「垃圾」等級，而且公司的流動性來源立即枯竭時，安隆很快就迎接滅亡。同樣的，任何違反債務契約的公司可能會面臨不愉快的結果。如果一家公司無法提供這類威脅的數據（或是更糟糕的是，如果有意掩蓋這些威脅），投資人將會面臨嚴重的危險。

接下來兩章要介紹兩個關鍵指標舞弊手法。如果管理階層提供額外有用的資訊來幫助投資人更好的評估公司表現與經濟健康，那麼投資人應該會很高興。不幸的是，管理階層提供的資訊可能不只無法增加價值，還有可能造成誤導。第十三章的重點是要介紹隱瞞營收、盈餘或現金流問題的指標，或只是對普通的成績過份誇大；第十四章要介紹隱藏問題的誤導性經濟健康指標。

顯示誤導性的指標數字，誇大業績表現

> 最重要的是，不要造成任何傷害。
>
> ——希波克拉底斯（Hippocrates），西方醫學之父

新養成的醫師必須遵守希波克拉底斯誓言，並承諾行醫要有道德。大家都認為這句誓言來自西元前四世紀西方醫學之父希波克拉底斯，而且主旨可以歸結為「最重要的是，不要造成任何傷害」。

也許應該讓企業經理人研讀這句醫師的嚴肅誓言，並在與投資人溝通時認真加以運用。這樣的話，他們就會保證永遠不會故

意傷害投資人，而且總是會避免呈現誤解的業績指標。根據你在這本書裡已經看到的內容，這一天似乎遙遙無期。好吧，我們只能夢想那天終究會到來！然而，在那天到來前，投資人必須小心下面三個管理階層可以用來混淆公司業績表現的技術。

▶ 顯示誤導性指標來誇大業績表現的技術

1. 強調一個替代營收的誤導性指標
2. 強調一個替代盈餘的誤導性指標
3. 強調一個替代現金流的誤導性指標

1. 強調一個替代營收的誤導性指標

很多人認為營收成長是衡量一個事業整體成長重要而直接的指標。公司還經常提供其他數據來補充營收資料，讓投資人對產品需求與訂價能力有更深入的了解。就像前一章提到，投資人應該很高興有這些額外資訊，並分析這些非一般公認會計原則的補充性營收指標，來更好的評估可持續的業績表現。然而，有時候，管理階層提供的替代營收資訊可能會誤導投資人，而且如果他們沒有準備好適當的保護措施，就可能會傷害投資人。在第一節中，我們會著重介紹一些公司不太誠實去使用的一些常用來替代營收數字的方法，以及謹慎的投資人可以保護自己的方法。

▍同店銷售

零售業和飯店業的營收成長往往是由開設更多店面來推動。從邏輯上來看，正在快速展店的公司會呈現出龐大的營收成長，因為它們今年擁有的商店比前一年更多。雖然公司的總營收成長可能提供一些公司規模的資訊，但是卻很少提供個別商店是否經營良好的資訊。因此，投資人應該要更密切關注在衡量公司各商店表現的指標。

為了提供投資人這些見解，管理階層往往會提出一個稱為**同店銷售**（same-store sales 或 comparable-store sales）的指標。這是在一個可用來比較的商店基礎（簡稱 comp base）下計算營收成長的指標，因而可以對真正的營運表現進行更適當的分析。舉例來說，一家公司也許會顯示開業至少一年的商店營收成長的情況。公司往往會在營收公布時明顯揭露同店銷售數字，而且投資人會用這個數字作為公司表現的關鍵指標。很多人認為同店銷售是分析零售業或餐飲業的重要指標。如果是以符合邏輯與合理的方式來提出報告的話，我們認為同店銷售數字對投資人來說非常有價值。

然而，因為同店銷售（和 PART4 討論到的其他指標）不在一般公認會計原則的涵蓋範圍以內，所以沒有廣泛接受的定義存在，而且計算方法也因公司而異。更糟的是，公司計算當季的同

店銷售數字時，可能會與之前使用的計算方式不同。儘管大多數公司會誠實計算自己的同店銷售數字，而且會持續揭露這個數字，但是「壞蘋果」會試圖藉著定期調整對同店銷售的定義來粉飾結果。因此投資人應該要時時對眼前的同店銷售數字有所警覺，確保可以公正展現出一家公司的營運表現。

比較同店銷售占平均商店營收的改變

當一家公司出現持續成長時，同店銷售的成長趨勢應該與平均商店營收（revenue per store）一致。藉著比較同店銷售與平均商店營收的改變（也就是總營收除以平均總店數），投資人很快會發現這項事業朝著正向還是負向發展。舉例來說，假設一家公司的同店銷售成長與平均商店營收成長保持一致的趨勢。如果突然出現一種明顯不同的趨勢：同店銷售加速，但平均商店營收縮減，投資人應該要留意。這種差異指出至少存在其中一個問題：（1）公司的新商店開始很難獲利（平均商店營收正在下滑，但是並沒有影響同店銷售，因為他們還沒有在一個可以比較的商店基礎上），或是（2）公司改變同店銷售的定義（影響同店銷售的計算，但是並沒有影響每個商店的總營收）。

留意同店銷售的定義改變

公司通常會說明同店銷售的定義。一旦說明定義的方法，投

資人應該不難追蹤各期的變化。公司可以藉著兩種可能的方法來調整可比較的商店基礎，藉此操縱同店銷售數字。第一個方法是簡單的更改商店納入可比較基準的期間（舉例來說，之前要求要開店 12 個月後的商店才納入計算，現在要求 18 個月）；第二個花招與更改商店類型等比較基準有關（舉例來說，根據地理位置、規模、業務、轉型改造等因素來排除某些商店）。

總部位於紐約的時裝公司 Coach 在 2013 年就做了這樣的更改。從歷史上來看，當 Coach 將商店面積擴大 15％以上時，就會把這些商店的銷售金額從比較基準排除，直到完成擴展店面一年後。這是合理的做法，因為較大型的店面通常會有較多的銷售金額，而且任何與大型店面擴展相關的成長都不應該真正被視為是同店銷售。但是 Coach 決定從 2014 年開始不再從可比較基準中排除這些擴展的商店，這意味著它們的同店銷售指標會包括因店面規模擴大所產生、不可持續的收益。毫不意外的是，這種改變剛好發生在同店銷售數字正在減緩的時候，而且公司正在著手進行一項多年的計畫，將最有生產力的一些商店擴大。

密切注意財報裡反映業務成長的部分

2013 年，總部在多倫多的媒體巨頭湯森路透（Thomson Reuters）財報提到「換匯前營收成長」（revenue growth before currency）2％。這個數字與財報提到更標準的「銷售金額」數字

比前一年**少** 3％大相逕庭。哪個數字比較正確？事實證明，這個頭條數字不只對匯率的影響進行調整，還只考慮「正在經營中的業務」；這不是用法律或會計實務上對「停止營運業務」進行區別，而是由管理階層的主觀判斷。這種方法奇怪的地方在於，在 2013 年的年報中，2012 年「正在經營中的業務」營收比 2012 年原來財報「正在經營中的業務」的營收下降將近 5 億美元。這種對某些非「正在經營中」的業務追溯分類，不只使湯森路透在 2013 年的財報出現銷售成長，還使這段期間公司所有的客觀指標數字下滑。這個聰明的計畫在 2011 年和 2012 年提供類似的好處。

▎ 使用者平均營收貢獻

比較同類型公司的非一般公認會計原則關鍵指標時，重要的是確保這些指標以同樣的方式計算。舉例來說，在廣播電視產業裡，一個常用來分析的指標是使用者平均營收貢獻（average revenue per user, ARPU），計算方式是總訂閱戶收入除以平均訂閱人數。計算使用者平均營收貢獻值聽起來應該很簡單，但是，對使用者平均營收貢獻的定義不一。舉例來說，相互競爭的天狼星衛星廣播公司（Sirius Satellite Radio Inc.）與 XM 衛星廣播控股公司（XM Satellite Radio Holdings Inc.，在兩家公司 2008 年併購以前）對這個數字就有不同的定義。天狼星廣播公司對於使用者

平均營收貢獻的計算方式包括訂閱、廣告和啟用費的收入；XM廣播公司則只以訂戶收入來計算使用者平均營收貢獻，廣告營收和啟用費並不包含在內。（見接下來的 BOX。）為了以相同的標準來比較兩家公司的使用者平均營收貢獻，投資人必須調整天狼星衛星公司的使用者平均營收貢獻的計算方式，排除廣告營收與啟用費，不然就是調整 XM 廣播公司的使用者平均營收貢獻，納入這些營收來源。

▶ **使用者平均營收貢獻：天狼星與 XM 廣播公司的差異**

　　天狼星的使用者平均營收貢獻計算方式：財報期間訂戶（包括銷售折扣的抵銷金額）的**啟用費與廣告營收**，除以每日加權的平均用戶數。

　　XM 廣播的使用者平均營收貢獻計算方式：財報期間扣除促銷與折扣的每月總訂戶收入，除以每日加權的平均用戶數。

▌訂戶增加與流失

　　回到本章稍早對訂閱制業務的討論。由於這類型的公司（例如提供研究報告的機構、電信公司、報紙、健身俱樂部等等）仰賴新訂戶的成長，因此對投資人而言，監控訂戶水準來了解這些事業的最新發展趨勢很有幫助。邏輯上來說，每一季的新訂戶數

字往往是了解未來營收很好的領先指標。同樣的，在評估業務情況時，知道取消水準（稱為「流失率」〔churn〕）很重要。如果一家公司顯示出穩健的訂戶基礎，而且新訂戶增加與客戶流失率減緩，投資人就可以預期未來有強勁的營收成長。也就是說，除非這家公司正在操縱這些指標，這樣的預期就沒錯。

舉例來說，在 1990 年代後期，美國線上發現一個巧妙的方法來誇大網路服務的訂戶數量。美國線上出售訂閱產品的其中一個方法是銷售「大批訂閱」（bulk subscriptions）給其他企業，然後這些企業再將這些訂閱產品視為福利分給員工。美國線上並沒有將這些大批訂閱的銷售金額納入訂戶數，因為它知道很多訂閱產品永遠不會被啟用。但是當員工登入時，會正確的算進訂戶數裡面。

2001 年，美國線上努力要達成訂戶數的目標，因此公司開始把大批訂閱銷售的數字納入訂戶數計算，即使大多數的訂閱產品都不會被啟用。此外，美國線上會在季底前立即將大批訂閱會員資格交給客戶，以達到訂戶數的目標。

▌預訂單與未完成訂單

很多公司會揭露每季的「預訂單」或「訂單」，這應該代表**在這段期間**的新訂單數量。公司也許會揭露自己的未完成訂單，

這主要是代表已接到訂單、但尚未完成的業務，或者換句話說，過去所有還沒完成的訂單（而且已經認列為營收）。「訂單交貨比」（Book to bill）也是公司常會揭露的資訊，它是拿當期的預訂單與當期營收進行比較，是用預訂單數量除以營收。

如果準確呈現預訂單和未完成訂單的數字，那麼這兩個數字就會是重要指標，因為它們讓投資人對未來的營收趨勢有額外的看法。然而，因為它們並非一般公認會計原則的指標，因此公司在定義與揭露預訂單與未完成訂單數字上還有很多發揮的空間。你可能會認為這個計算很簡單，但是實際上它們有很多應該納入與不應該納入計算的細微差異考量。舉例來說，不同公司在呈現預訂單與未完成訂單上有下面不同的訂單類型，像是可取消的訂單、未確定購買數量的訂單、長期服務或建築合約的訂單、有緊急條款或延長條款的合約、非核心業務的訂單等等。

各公司對預訂單與未完成訂單的定義都不相同，對投資人而言，在相信這個指標之前，確實了解這個指標代表的意義非常重要。此外，如果這個指標是關鍵績效指標，投資人應該要格外謹慎，確保公司並沒有為了要讓指標變得更好看而改變預訂單的定義。

會計錦囊 預訂單與未完成訂單

下面的公式一般來說可以顯示預訂單、未完成訂單和營收間的關係（對於所有處理未完成訂單的營收流）。這個公式對分析企業來說非常有幫助，因為它可以用來測試非一般公認會計原則指標的準確性或一致性。如果只有未完成訂單，這個公式也可以用來計算預訂單數量。（其中淨訂單量是總訂單減去取消的訂單。）

期初未完成訂單＋淨訂單量－營收＝期末未完成訂單

一些公司提供的預訂單與未完成訂單指標似乎無法準確代表實際的業務情況。舉例來說，你可能還記得第三章提到使用完工比例法舞弊的第一太陽能公司，這家公司在預訂單的呈現上也耍了一些花招。在 2014 年 3 月公布營收時，第一太陽能公司提到一個「當季」的預訂單數字，其中的價值高達所有預訂單價值的四分之一。仔細閱讀細則會發現，這個預訂單指標包括從當季開始到營收公布期間（當季結束整整 36 天後）的所有新訂單。

再以電子支付公司 ACI 國際公司（ACI Worldwide）對於未完成訂單的不尋常定義為例。ACI 國際公司提出 60 個月的未完成訂單指標，所有非經常性的授權安排合約都假定是全新與經常性的營收流。這個指標更好的名稱應該是「一廂情願的未完成訂單」。

2. 強調一個替代盈餘的誤導性指標

巴菲特長期以來一直在戳破創造不實預估指標的管理階層。他讓人難忘的地方是把這個實務比喻為一個射手先把弓箭射進一塊空白畫布，**然後**再從箭旁邊畫出一個靶心。

▌稅前息前折舊攤銷前獲利與其變化

就以環球電訊公司的射手所畫出的靶心為例。這家公司報告 2007 年 3 月為止那季的淨損失是 1.2 億美元。不過管理階層迫切想要顯示出獲利的樣子，因此在網路泡沫期間為了自己的不法行為使用一個編造的預估來移除費用。首先，管理階層移除利息、稅負、折舊和其他項目的費用，得到一個稱為調整後的稅前息前折舊攤銷前獲利（adjusted EBITDA）。接著移除 1500 萬美元的非現金股票分紅費用，使公司得到調整後現金稅前息前折舊攤銷前獲利**負** 800 萬美元，雖然這樣很接近獲利，但始終還是沒有獲利，因此管理階層接著移除它認為本質上是一次性的費用，因此公司得到 400 萬美元所謂的「調整後現金稅前息前折舊攤銷前獲利減去一次性費用」（adjusted cash EBITDA less one-time items）的正數，正中目標。

大家很容易就會懷疑環球電訊公司這三個數字的預估，而且

當察覺公司移除一些「一次性」費用時也很難忍住不笑。（見表13-1。）我們上次檢視時，「維護」費用是正常的營運成本，因此不應該永遠從預估的計算中排除。同樣對客戶違約（壞帳）、員工維繫客戶獎金，以及定期的例行費用也是如此。不要只是因為管理階層決定要呈現出它們天生是一次性費用，就愚蠢的認為這些項目不會再次產生。

表 13-1　環球電訊公司調整後現金稅前息前折舊攤銷前獲利減去一次性費用

（百萬美元）	2007 年 3 月 第一季
淨利	(120)
備抵所得稅	12
其他費用	6
利息費用	29
折舊與攤銷	50
調整後的稅前息前折舊攤銷前獲利	**(23)**
非現金股票分紅費用	15
調整後現金稅前息前折舊攤銷前獲利	**(8)**
一次性費用：經常性費用	5
一次性費用：亞洲地震	1
一次性費用：客戶違約	2
一次性費用：資遣費	1
一次性費用：客戶維繫獎金的現金費用	3
一次性費用：公用事業信貸	(2)
一次性費用：維護費用	2
調整後現金稅前息前折舊攤銷前獲利減去一次性費用	**4**

▌ 可望而不可及

在 2007 年 6 月的電話法說會上，快閃記憶體製造商飛索半導體（Spansion）自豪的表示，公司的稅前息前折舊攤銷前獲利從上一季的 6100 萬美元成長到 7200 萬美元。接下來一季，飛索半導體的財報顯示，稅前息前折舊攤銷前獲利下降到 7100 萬美元，但是公司宣稱，如果沒有計入前一季的一次性房地產獲利，稅前息前折舊攤銷前獲利會增加 800 萬美元，藉此安撫關切的投資人。恰好，在前一季提出財報時，並沒有排除這種一次性收益。因此，飛索半導體實際上是納入這一次性收益，幫助在 6 月顯示出強勁的稅前息前折舊攤銷前獲利成長，然後在隔年排除這筆收益，來顯示 9 月有強勁的稅前息前折舊攤銷前獲利成長。你無法兩者兼得！

▌ 留意誇大稅前息前折舊攤銷前獲利的巧妙方法

旅遊科技公司 Sabre 公司（Sabre Corporation）發現一個巧妙的方法，可以藉由排除成本結構的重要組成部份來誇大提報的稅前息前折舊攤銷前獲利。Sabre 公司為了吸引旅行社使用公司的旅遊定位系統，常常付預付款給旅行社。2016 年，因此這些付款總計高達 7100 萬美元。因為這些預付款支出與多年的合約有關，

這些預付款被資本化，然後在整個合約期間攤提。因為這些成本以攤提費用的形式影響收益，因此在計算稅前息前折舊攤銷前獲利時加回去。如果稅前息前折舊攤銷前獲利就像是現金獲利能力的簡略代理變數，那就很難認定這是永久排除這種每期與每次用現金支付這類費用的正當理由。

美國證券交易委員會處罰 Groupon 誤導性的營業利益指標

雖然環球電訊公司、飛索半導體與 Sabre 使用稅前息前折舊攤銷前獲利的有趣變化來讓獲利看起來更豐碩，不過其他公司更進一步，他們創造自己的獲利能力指標，而且這正是 Groupon 的做法。

回想第四章，Groupon 備受期待的 2011 年首次公開發行在早期遇到一些阻力，當時美國證券交易委員會迫使公司重編營收數字。這樣的重編財報導致從 2009 年至 2011 年 6 月每期財報的營收大幅減少 50％以上。另外，美國證券交易委員會還強迫 Groupon 停止提報旅行社認為帶來很大誤導的非一般公認會計原則指標、合併財報營業利益（consolidated segment reporting operating income, CSOI）。在表 13-2，我們看到 Groupon 試著欺騙投資人，讓他們相信公司藉著消除幾項營業利益來獲利，包括

（1）線上行銷費用，（2）股票為主的紅利，以及（3）併購相關的費用。Groupon 使用的非一般公認會計原則指標、調整後的合併財報營業利益，把以一般公認會計規則計算的虧損全都轉為收益。

表 13-2　Groupon 誤導性的非一般公認會計原則指標

（千元）	年報 2009 年 12 月	年報 2010 年 12 月	季報 2010 年 3 月	季報 2011 年 3 月	27 個月 累積
營業利益	（1,077）	(420,344)	8,571	(117,148)	(538,569)
調整項目					
行銷	4,446	241,546	3,904	179,903	
股票紅利	115	36,168	116	18,864	
併購成本	-	203,183	-	-	
總調整數字	4,561	480,897	4,020	198,767	
調整後的合併 財報營業利益	3,484	60,553	12,591	81,619	145,656

從 2009 年 1 月開始的 27 個月中，Groupon 提供以一般公認會計原則為主的累積營業虧損總計達到 5.36 億美元，但是公司想要投資人改用誤導性的非一般公認會計原則指標、調整後的合併財報營業利益，顯示出累積獲利超過 1.45 億美元。幸運的是，美國證券交易委員會告知 Groupon 停止使用這種誤導性的指標。

預計盈餘／調整後的盈餘／
非一般公認會計原則的盈餘

這些名字有什麼不同？這是公司用來稱呼盈餘的各種名稱，不管是哪個名字，聞起來都很香……，還是管理階層想要你思考一下。有時管理階層會堅持一個臭不可聞的「預計」或「調整後」的盈餘指標（或是其他合格的盈餘指標）其實是甜美而純粹的盈餘衡量指標。

把本質上是一次性的費用假裝成經常性費用

你可能還記得 Peregrine 系統公司認列假營收，然後試著藉由偽造的應收帳款銷售來掩蓋。好吧，公司有太多假造的應收帳款，因此還要使用「預計的」計謀來隱藏公司詐欺的證據。除了假裝出售這些應收帳款以外，Peregrine 還對這些應收帳款收取費用，但不當的把這些費用歸類在與併購相關的非經常性費用。這種分類使 Peregrine 將這些費用排除在預計盈餘之外，因此投資人（或至少總是相信公司說的話的投資人）不會擔心。

全球大型家電領導品牌惠而浦的財報提到一個獲利指標，稱為持續性盈餘（ongoing earnings），這意味著排除非經常性項目的影響。從一般公認會計原則的盈餘到「持續性盈餘」而進行最正常的一項調整是與公司併購、關閉工廠、裁員、資產減損等等

相關的各種重組支出。然而，重組支出一直出現在過去 27 年惠而浦的損益表中，這幾乎不是「非經常性的」費用！ 2016 年 10 月，美國證券交易委員會終究在質疑公司多年來排除這些費用。

3. 強調一個替代現金流的誤導性指標

非一般公認會計原則的現金流指標比非一般公認會計原則的營收與盈餘指標更不常見，但是它們確實存在。有時公司會創造排除非經常性活動的預計現金流指標，像是大型訴訟和解。然而，有時候，公司可能會期望人為提高自己產生現金的能力。

「現金盈餘」和稅前息前折舊攤銷前獲利並不是現金流指標

公司有時會呈現像是「現金盈餘」（cash earnings）或「現金稅前息前折舊攤銷前獲利」（cash EBITDA）之類的指標（就像我們在環球電訊公司看到的情況一樣）。不要把這些指標跟現金流的替代指標混淆了！很多公司和投資人都認為這些指標（以及一般舊式的稅前息前折舊攤銷前獲利）是現金流的良好替代指標，只是因為這些計算把折舊等非現金的費用加回來。就像你現在肯定已經知道一家公司的現金流不只包括淨利加上非現金費用。以

這種方式來計算只是在濫用以間接法來列出的現金流量表而已（請參考 PART3 引言中對現金流呈現的討論）。在計算現金流時，忽略營運資金的改變，會讓你對一家公司創造現金的能力產生假象，就像忽略像是壞帳、資產減計和保固費用等硬性費用會帶給你虛幻的獲利能力一樣。實際上，像稅前息前折舊攤銷前獲利和現金盈餘這樣的指標，並無法很好的呈現公司的業績表現。

此外，對資本密集型的產業來說，稅前息前折舊攤銷前獲利往往是一個衡量業績表現與獲利能力的誤導指標，因為所有主要的資金成本都會以折舊列在損益表上，因此它們會被排除在稅前息前折舊攤銷前獲利之外。有些公司會濫用投資界對稅前息前折舊攤銷前的認可，即使完全沒有必要性也會使用這個指標。

舉例來說，以機上網路供應商 Gogo 公司（Gogo Inc.）的非一般公認會計原則財報數字為例，調整後的非一般公認會計原則稅前息前折舊攤銷前獲利指標，忽略提供機上服務的一些基本成本，包括網路設備和系統軟體的生產與安裝成本。Gogo 以一般公認會計原則的目的適當的對待這些成本的認列：這些成本在資產負債表中進行資本化，而且透過損益表來認列折舊費用。然而，因為這些費用被歸類在「折舊與攤銷」，因此 Gogo 調整後的非一般公認會計原則稅前息前折舊攤銷前獲利會消除這些費用。從 2013 年公開上市以來，儘管一般公認會計原則計算的淨利是嚴重的負數，但毫無意外的是，Gogo 每年的調整後稅前息

前折舊攤銷前獲利還是可以呈現為正數。

▍非一般公認會計原則的現金流指標也許會讓人困惑

在第十章〈現金流舞弊手法 1：將融資現金流入移到營業活動下〉中，我們討論德爾福公司不當將銀行貸款認列為存貨銷售的方法，以及這樣做如何增加營業活動現金流 2 億美元。嗯，德爾福公司的管理階層也很喜歡藉著呈現不誠實的現金流指標來誤導投資人。舉例來說，德爾福公司會在營收公布時固定強調公司的營運現金流（Operating Cash Flow）。不用懷疑，很多人會認為德爾福公司正在討論的是營業活動現金流（CFFO），然而情況並非如此。「營運現金流」確實是德爾福公司用來騙人的名字，用來替代一般公認會計原則的營業活動現金流。因為這個名稱與一般公認會計原則的同類名詞非常相近，你可以想像有很多投資人會混淆，認為這個假造的指標就是德爾福公司真正的營業活動現金流。事實上，這種替代指標幾乎與一般公認會計原則的營業活動現金流類似。就像表 13-3 顯示，這個指標的計算方式是淨利**加上**折舊和其他非現金費用，然後**減去**資本支出，再**加上**一些標示為「其他」的龐大神祕項目。

表 13-3　德爾福公司 2000 年一般公認會計原則現金流與預計現金流比較

（百萬美元）	2000
淨利（一般公認會計原則）	1,062
進行中的一次性研發費用	32
折舊與攤銷	936
資本支出	(1,272)
其他費用，淨值	878
「營運現金流」（非一般公認會計原則）	**1,636**
營業活動現金流（一般公認會計原則）	**268**
自由現金流 （一般公認會計原則的營業活動現金流減去一般公認會計原則的資本支出）	**(1,004)**

　　我們早先提到德爾福公司實際的營業活動現金流（現金流量表的數字）是 2.68 億美元，但是公司自己定義的「營運現金流」（營收公布呈現的數字）是 16 億美元，兩個數字驚人的相差將近 14 億美元。由於這種現金流的替代數字包括資本支出的影響，因此拿來與德爾福公司**負** 10 億美元的自由現金流（營業活動現金流減去資本支出）進行比較可能更有意義，這樣的話，差異驚人的達到 26 億美元。（喔，順帶一提，如果不包括我們在第十章討論的假存貨銷售，在現金流量表上的 2.68 億美元營業活動現金流中，只有 6800 萬美元的自由現金流。）

　　2003 年，德爾福公司還是用相同的花招，但是公司現在顯示「營運現金流」和現金流量表上的「營業活動現金流」的調節數字（reconciliation）。德爾福公司 2003 年的「營運現金流」是 12 億美元，相較之下，營業活動現金流是 7.37 億美元，自由現金流

則是**負** 2.68 億美元。就像表 13-4 顯示，主要的差異包括日常經營時固定使用的現金，像是退休金計畫的提撥、付給員工的薪水，以及應收帳款銷售金額的下降。

任何查看這種數字的嚴肅投資人都會驚駭的發現，這樣正常的營業活動支出被排除在「營運現金流」的計算之外。在搜尋這些舞弊時，非常適合用「無風不起浪」這句格言。德爾福公司可笑的替代性現金流欺騙指標就是那陣風。欺騙性的營收和現金流就是那波大浪。

表 13-4　2003 年德爾福公司一般公認會計原則的現金流與預計現金流

（百萬美元）	2003
「營運現金流」（非一般公認會計原則）	1,220
退休金提撥	(990)
支付給員工和生產線費用的現金	(229)
支付一次性合約簽約獎金的現金	(125)
應收帳款銷售減少	(144)
資本支出	1,005
營業活動現金流（一般公認會計原則）	**737**
自由現金流 （一般公認會計原則的營業活動現金流減去一般公認會計原則的資本支出）	**(268)**

同樣的，IBM 也提出一個異常而投機的自由現金流指標。自由現金流是一個被廣泛使用的非一般公認會計原則指標，而且傳統上是用營業活動現金流減去資本支出所計算出來。IBM 調整這個定義，也排除應收帳款融資的變化。這是有問題的，因為 IBM

的應收帳款融資實際上只是**對自家客戶的長期貸款**。換句話說，這是應收帳款。2010 至 2013 年融資給客戶的水位很高，對營業活動現金流造成很大的拖累，然而，IBM 不誠實的自由現金流指標使這些欠款看起來已經收回了。光是 2012 年，應收帳款融資金額就增加將近 30 億美元，占 IBM 自己定義的自由現金流 16%。

當非一般公認會計原則指標在業界普遍存在時該怎麼辦？

有時某些產業使用非一般公認會計原則指標作為投資人評估公司或計算股利發放是否適當的標準方法。業主有限責任合夥（master limited partnerships, MLP）型的能源公司因為避免使用以一般公認會計原則為主的數字，而採用非一般公認會計原則為主的數字而引人注目。

因為 2008 年金融危機以來利率處於歷史性的低檔，投資人一直在廣泛搜尋年利率高於債券卑微利率的證券。華爾街注意並開始讚揚高收益與擁有稅負優勢的業主有限責任合夥公司。

總部位於休士頓的林能源公司（Linn Energy）因為能夠持續增加支付股息的能力，迅速成為業主有限責任合夥公司的寵兒。2012 年，公司付給投資人 6.8 億美元的股息，比 2011 年增加

15％。雖然讓人印象深刻，但這個數字與公司的自由現金流對照來看似乎有些奇怪，自由現金流在 2012 年下降超過 5 億美元，達到**負** 6.94 億美元。當林能源公司的事業需要大量現金的時候，董事會是否會批准支付這麼豐厚的股息呢？為了支付這些費用，公司實際上必須借錢來因應。答案就在林能源公司（和許多業主有限責任合夥公司）報告現金流量的方法中。公司強調「可分配現金流」（distributable cash flow）的數字，這是沒有標準化定義的指標，但是對林能源公司而言，這是來自調整後的稅前息前折舊攤銷前獲利，而且這只考慮公司資本支出的一部分。這個方法產生一個更加有利的指標，可以用來證明公司可以支付更高的股息。

表 13-5 顯示林能源公司一般公認會計原則與非一般公認會計原則的盈餘與現金流指標，而表 13-6 顯示林能源公司計算「可分配現金流」的方法，以及很多未包含在內的成本。

你會注意到，林能源公司扣除維護資本支出，得到可分配現金流，而按照一般公認會計原則為主的總資本支出幾乎是這個數字的兩倍。遵循這種方法的公司（和投資人）會以兩個不同的類型考量資本支出：（1）**維護**：用來增加現有設施容量的資本支出，以及（2）**成長**：用來擴大業務的資本支出，不論是擴大現有設施或新設施。顯然，管理階層在每個類別中所包含的內容都有相當大的自主權。表 13-7 顯示林能源公司在維護和成長的資本支出上配置多少費用。當然，林能源公司分類在成長上的資本支

表 13-5 林能源公司一般公認會計原則與非一般公認會計原則為主的盈餘和現金流

（千美元）	2010 年會計年度	2011 年會計年度	2012 年會計年度
一般公認會計原則為主的指標			
淨利	(114,290)	438,440	(386,616)
計算自由現金流			
營業活動現金流	270,920	518,710	350,907
資本支出	(223,033)	(629,864)	(1,045,079)
自由現金流	47,887	(111,154)	(694,172)
併購	(1,351,033)	(1,500,193)	(2,640,475)
併購後的自由現金流	(1,303,146)	(1,611,347)	(3,334,647)
公司的非一般公認會計原則指標			
調整後的稅前息前折舊攤銷前獲利	732,000	995,000	1,400,000
可分配的現金流	450,400	570,600	663,757
支付的現金股息	457,476	590,224	679,275
股息保障倍數	0.985%	0.967%	0.977%

表 13-6 林能源公司以非一般公認會計原則的指標來決定支付的股息

（千美元）	2010 年會計年度	2011 年會計年度	2012 年會計年度
淨利	(114,288)	438,439	(386,616)
加上：			
併購／撤資	42,846	57,966	80,502
利息費用	193,510	259,725	379,937
折舊／攤銷	238,532	334,084	606,150
資產減損與虧損	48,046	97,011	432,104
衍生性金融商品的損失（獲利）	300,284	(219,703)	256,379
業績單位發放的股票紅利	13,792	22,243	29,533
探勘成本	5,168	2,390	1,915
所得稅費用	4,241	5,466	2,790
調整後的稅前息前折舊攤銷前獲利	**732,131**	**997,621**	**1,402,694**
減去：			
利息費用	(193,510)	(259,725)	(379,937)
維護資本支出	(88,000)	(167,300)	(362,000)
可分配現金流	**450,621**	**570,596**	**660,757**

出愈多，可分配現金流就愈高，因為在**計算**可分配現金流時**不包括**成長型資本支出。

表 13-7　林能源公司在維護與成長型資本支出上的配置

（千美元）	2010 年會計年度	2011 年會計年度	2012 年會計年度
總資本支出	223,013	629,864	1,045,079
維護型資本支出	88,000	167,300	362,000
成長型資本支出	135,013	462,564	683,079
成長型資本支出占總資本支出的比例	60.5	73.4	65.3

　　對於林能源公司而言，接下來幾年後來證明相當有挑戰性。首先，美國證券交易委員會對於公司計算的可分配現金流提出疑問。到了第二年，能源市場崩盤，導致林能源公司的業務陷入困境。但是在多年不合理的高配息之後（主要是透過借款來支付），林能源公司面對嚴重的現金緊縮，導致公司在 2016 年申請破產。林能源公司因為擁有 83 億美元的債務負擔，因此獲得最大能源業主有限責任合夥破產公司的爭議性「殊榮」。

　　投資人可以從林能源公司的破產中避免遭受龐大的損失嗎？我們是這樣認為的。在產生**負**自由現金流的同時還發放龐大的股息不只是無法持續的策略，還應該是強力的警告信號。事實上，大多數的股東會關注這個非一般公認會計原則的自由現金流替代指標，這個指標並不包括許多重要的經營成本，這解釋為什麼市

場如此珍視這樣的公司，同時更加謹慎（而且抱持懷疑）的投資人則會對這些公司敬而遠之。

───────────── 展望未來 ─────────────

在第十四章中，我們會從呈現業績表現過於樂觀的關鍵指標，轉向會誤導投資人、與資產負債表和公司經濟狀況可能即將惡化有關的指標。

第十四章 關鍵指標舞弊手法 2

扭曲指標數字，避免顯示公司經營惡化

我們除了寫書，也喜歡讀書。我們總是盡可能常常逛書店，不論是去巴諾書店（Barnes & Noble）等大型連鎖書店，或是去奧勒岡州波特蘭市（Portland）的文學寶庫鮑威爾書店（Powell's Books）。一旦進入這些地方，我們就很難不注意到有很多勵志書和飲食書，它們無處不在。毫無疑問，我們都渴望在工作、娛樂和其他各方面看起來很好、感覺很好，而且變得更好。教導大家如何生活得更好，而且看起來更好，肯定是一個賺錢的事業。

誰知道這些計畫中哪個計畫真的會讓我們更健康，或是讓我們看起來更好？不過，我們確實知道高層管理人員花大量時間試著去使資產負債表看起來更好，即使資產負債表上有很多垃圾。

這章就要強調陷入困境的公司可能用來說服投資人公司不但很棒、而且還很健康的四個技巧。我們希望這些人在欺騙投資人上，不會像飲食書的作者說服讀者相信他們的建議那麼有效。

> ▶ 扭曲指標數字，避免顯示出公司經營惡化的技巧
> 1. 扭曲應收帳款指標來隱藏營收問題
> 2. 扭曲存貨指標來隱藏獲利能力問題
> 3. 扭曲金融資產指標來隱藏價值減損問題
> 4. 扭曲債務指標來隱藏流動性問題

1. 扭曲應收帳款指標來隱藏營收問題

公司的高階經理人了解到，很多投資人會仔細檢視營運資金的趨勢，藉此尋找盈餘品質不佳或經營惡化的跡象。他們意識到，與銷售金額不符的應收帳款激增會使投資人質疑近期營收成長的可持續性。為了避免這樣的問題，公司也許會嘗試幾個方法來扭曲應收帳款數字，包括：（1）銷售應收帳款，或（2）將應收帳款換成應收票據（這節會討論這兩個情況）或是（3）將應收帳款移到資產負債表其他地方（在本章稍後會討論這點）。

▌ 銷售應收帳款

在第十章〈現金流舞弊手法 1：將融資現金流入移到營業活動下〉中，我們討論銷售應收帳款被認為是有用的現金管理策略、但不是現金流長期成長的驅動力。銷售應收帳款還有另一個有用的目的：它會降低提報給投資人的應收帳款週轉天數（這會顯示出顧客更快付錢）。不誠實的管理階層會藉由銷售更多應收帳款，來掩蓋應收帳款週轉天數的跳升。

讓我們參考第十章對新美亞電子公司祕密銷售應收帳款的討論。在銷售這些應收帳款之後，公司在 2005 年 9 月的季報中強調應收帳款週轉天數的下降與營業活動現金流增加。精明的投資人會了解到，這是出售應收帳款導致應收帳款週轉天數降低和營業活動現金流拉高所導致，而不是經營狀況的改善所導致。這類投資人會了解到，本質上，應收帳款的銷售是一種融資決策（也就是說，提早從客戶的帳戶中收回現金）。因此，現在較低的應收帳款餘額自然會使應收帳款週轉天數變得更短。

> **TIP** 每當你發現銷售應收帳款帶來營業活動現金流增加時，也意味著按照定義，這家公司的**應收帳款週轉天數也變得更短**。

還記得 Peregrine 公司認列假營收，然後為了不引起任何人的

警覺，無恥的偽造相關假造的應收帳款銷售嗎？這些應收帳款很顯然還沒有回收，而且管理階層開始擔心不斷膨脹的帳款餘額會無限期的推升應收帳款週轉天數，這對投資人而言是個明顯的警告。藉著假冒這些應收帳款的銷售，Peregrine 誇大營業活動現金流，一下子讓應收帳款週轉天數的潛在危險信號從投資人的視線前面消失。

降低應收帳款來改善應收帳款週轉天數的第一個範例涉及的不是馬上銷售應收帳款，就是假裝銷售應收帳款。另一個方法則是簡單的將應收帳款隱藏在資產負債表的其他地方。

> **TIP** 想要用公平的比較基準來計算應收帳款週轉天數，只要將季底已銷售的所有未償還應收帳款加回即可。

▌ 將應收帳款變為應收票據

因為符號科技公司積極的認列營收與通路塞貨，導致應收帳款快速成長，應收帳款週轉天數（從 2000 年 6 月的 80 天、2001 年 3 月的 94 天）激增到 2001 年 6 月的 119 天。為了避免投資人擔憂，管理階層設計一個減少應收帳款的美化做法。

在我們看來，這是一個非常骯髒的把戲。符號科技公司只是簡單的要求一些關係最密切的客戶簽下合約，將這些交易的應收

帳款變成本票或貸款。顯然客戶默許這個做法，因為對他們而言並沒有影響，他們不管怎樣都欠了這筆錢。然而，新的合約讓符號科技公司很方便的掩蓋事實，將這些應收帳款移到資產負債表的應收票據科目上。實際上，符號科技公司揮舞著魔仗，並在一些順從的客戶幫助下，將這些交易的應收帳款「重新分類」到一個不受投資人密切監控的會計科目中。似乎符號科技公司重新分類的主要目的是降低應收帳款週轉天數，並愚弄投資人，讓他們相信產品銷售的情況很好，而且客戶會準時付款。而且根據這項計畫，應收帳款週轉天數會從 2001 年 6 月的 119 天減少到下一季的 90 天。

> **TIP** 當投資人看到應收帳款週轉天數大幅下降（特別是在應收帳款週轉天數快速增加之後），應該要跟看到應收帳款週轉天數大幅增加一樣給予密切的關注。

▊ 留意應收帳款以外的其他應收款增加

UT 斯達康公司在 2004 年做了類似的轉變，以「銀行票據」和「商業本票」的形式支付更多款項。由於 UT 斯達康公司選擇不將這些應收票據分類在資產負債表的應收帳款（事實上，銀行票據被認為是現金的一部分！），儘管公司業務嚴重惡化，但公

司呈現給投資人一個更能接受的應收帳款週轉天數。勤奮的投資人可以藉由閱讀 UT 斯達康公司的財報附注，來發現這種不當的會計帳目分類。如下面的 BOX 顯示，公司清楚表明它已經接受大量的銀行票據與商業票據來取代應收帳款。

▶ UT 斯達康公司 2004 年 6 月的季報

附注 6（現金、約當現金和短期投資）

　　公司接受正常往來的**中國客戶** 3 到 6 個月到期的**銀行應收票據**。銀行應收票據的金額在 2004 年 6 月 30 日和 2003 年 12 月 31 日分別是 1 億美元與 1.15 億美元，而且已經計入現金、約當現金和短期投資。

附注 8（應收帳款與應收票據）

　　公司接受正常往來的**中國客戶** 3 到 6 個月到期的**商業應收票據**。商業應收票據的金額在 2004 年 6 月 30 日和 2003 年 12 月 31 日分別是 4290 萬美元與 1140 萬美元。

　　投資人在 UT 斯達康公司的資產負債表上會收到另一個警告信號：應收票據激增，從 2003 年 12 月的 1100 萬美元到下一季的 4300 萬美元。到現在為止，應該清楚辨識出這種變化的原因非常重要。如果管理階層無法提供合理的理由，請假設公司正在玩一個與應收帳款有關的遊戲，而且試圖隱藏應收帳款，不然應收帳款週轉天數還會暴增。

留意公司計算應收帳款週轉天數的方式改變

為了確認公司在實務上積極認列營收的目的，我們建議投資人在計算應收帳款週轉天數時，使用期末（而非平均）應收帳款餘額。使用平均應收帳款數字可以很好的評估現金管理趨勢，但是對於嘗試檢測財務舞弊的效果不佳。期末餘額更能代表這段期間後發生的營收交易，與評估營收品質更為相關。

會計錦囊 **應收帳款週轉天數**

應收帳款週轉天數通常的計算方法是：

期末應收款項／營收 × 本期天數
（對於一季而言，通常是 91.25 天）

雖然我們建議用這種方法計算應收帳款週轉天數，但是你也許會遇到其他公司或文章建議不同的計算方式。舉例來說，有些人相信應收帳款週轉天數應該用那段期間的平均應收帳款來計算，而不是我們建議的期末應收帳款餘額來計算。

由於應收帳款週期天數不是一般公認會計原則的指標，因此沒有絕對的定義。但是重要的是，這樣的計算反映出你試著進行的分析。舉例來說，如果你從季底最後一天認列大量營收（也就是塞貨給通路），來評估一家有可能加速認列營收的公司，那麼使用季底應收帳款餘額來計算應收帳款週轉天數、而不是使用平均應收帳款週轉天數，就很合理。同樣的，如果你擔憂應收帳款收回的情況，而且你正評估一家公司的曝險狀況，最好的做法是使用季底餘額。然而，如果你希望計算公司收回應收帳款的平均時

間，你也許會想要使用應收帳款的平均餘額。

　　重點是，為了檢測出財務舞弊，我們建議使用期末餘額來計算應收帳款週轉天數，即使公司告訴你該用其他方法。

留意公司改變應收帳款週轉天數的計算方法

　　當公司**改變計算應收帳款週轉天數**的方法來隱瞞經營惡化的時候尤其要當心，就像 Tellabs 公司（Tellabs Inc.）很顯然試著在 2006 年 12 月這樣做。Tellabs 公司一直根據期末應收帳款餘額來計算應收帳款週轉天數，但後來改為用當季平均應收帳款餘額來計算。因為應收帳款在改變計算那一季激增，平均應收帳款餘額自然就比季底餘額低得多，這使得在營收公布的電話會議中呈現給投資人的應收帳款週轉天數數字更為漂亮。結果，Tellabs 公司顯示出 2006 年 12 月的應收帳款週轉天數只比上一季增加 5 天（從前一季的 54 天增加至 59 天）。如果管理階層沒有改變計算方法，Tellab 公司在財報中提到的應收帳款週轉天數會增加 16 天（從前一季的 66 天增加到 82 天）。在同一場電話會議中提到應收帳款週轉天數的計算改變。在這種情況下，了解計算方法改變是很容易的事情。對充滿警覺的投資人來說，知道這點很重要，因為這是了解管理階層正在玩的伎倆、並試著隱藏激增的應收帳款的關鍵。

> **TIP** 精明的投資人應該會注意到應收帳款週轉天數的計算改
> 變，當管理階層改變計算經營指標的方法時，往往是試圖
> 向投資人隱藏一些經營狀況惡化的情況。

2. 扭曲存貨指標來隱藏獲利能力問題

投資人通常會把沒有預期到的存貨增加視為即將出現毛利壓縮（透過降價銷售或資產減計）或產品需求下降的訊號。有些存貨有問題的公司會藉著玩弄存貨指標來避免這種負面看法。

▋ 隱瞞導致另一次的隱瞞

你也許會想起第四章符號科技公司藉由提供客戶非常慷慨的退貨權而誇大銷售金額。此外，有些銷售完全是假造的，因為客戶已經退回不想要的產品，而且根據與符號科技公司的附帶協議，他們可以隨時在無須付出任何費用的情況下退貨。這些退貨不只是增加一些麻煩，還增加符號科技公司的存貨水準，這對投資人而言是潛在的警告訊號。因為一個隱瞞行為導致另一個隱瞞行為，符號科技公司創造一個「存貨削減計畫」來減少存貨水準。這個計畫（如美國證券交易所的描述）包括認列虛擬的會計

分錄來減少存貨、沒有把留在碼頭的交貨產品認列為存貨，以及將存貨銷售給第三方，但是同意公司可以買回。

留意存貨被移到資產負債表的其他地方

公司有時會將存貨重新分類到資產負債表上的其他科目上。舉例來說，製藥巨頭默克藥廠（Merck & Co.）在 2003 年開始將部份存貨視為長期資產，列入資產負債表的「其他資產」項上。財報的一項附注顯示，這些被分類在這裡的奇怪存貨與一年內預期不會出售的產品有關。2003 年 12 月，默克藥廠的長期存貨占總存貨量 13％，而且第二年這個數字躍升到 25％。投資人在分析默克藥廠的存貨趨勢時，當然應該包含這些長期存貨。因此，長期存貨突然增加值得投資人關注。

謹慎看待公司創造的新指標

購物商場零售業者青年品牌公司（Tween Brands Inc.）在 2006 年底和 2007 年初的存貨餘額暴增，而且管理階層正確的認定投資人不會很滿意。具體來說，2007 年 5 月為止那季的存貨銷售週轉天數從前一年的 52 天跳升到 60 天，這是連續三季的增加。此外，每平方英尺的存貨（這是青年品牌公司經常引用的非一般公認會計原則指標）增加 18％。

為了轉移潛在投資人對存貨的關注，管理階層開始強調一個

新指標：每平方英尺的「店內」存貨。2007 年 5 月，青年品牌公司聲稱存貨增加不應該引發憂慮，因為「店內」存貨只微幅增加 8%（每平方英尺 27 美元，前一年則是 25 美元）。儘管這項新指標很可笑，不過華爾街的多頭人士還是非常高興，他們只需要一個解釋，不管這個解釋有多薄弱。

　　青年品牌公司的解釋應該會讓精明的投資人用兩個理由卻步。第一，對於青年品牌公司而言，完全忽略公司擁有並納入資產負債表、但卻沒有在商店架上的存貨完全是不合適的。「店外」存貨符合存貨條件，而且降價風險並沒有比「店內」存貨來得少；第二，而且更讓人感到不安的情況是，青年品牌公司藉著提供「比較基準不同」的存貨成長數字來欺騙投資人。具體來說，管理階層引用去年每平方公尺的**店內**存貨 25 美元來反映每平方公尺的**總**存貨。根據定義，將那年的店內存貨數字與前一年的總存貨數字比較會低估存貨成長，當然，數字只增加的 8%！因為店內指標是新指標，因此沒有揭露前一年的數字，這使得投資人很難注意到標準不一致的地方。然而，勤奮的投資人會對公司在存貨正在增加的時候**創造一個新的存貨指標**抱持足夠的懷疑態度，而且他們會質疑用來衡量公司健康狀況的指標效用。

3. 扭曲金融資產指標來隱藏價值減損問題

　　金融資產（像是貸款、投資標的和證券）是銀行和其他金融機構重要的收入來源。因此，評估這些資產的「品質」或優勢，應該是理解這類公司未來業績表現的關鍵部分。舉例來說，對投資人而言最重要的是了解銀行的投資組合是否包含高風險、流動性很差的債券，而且去了解它的貸款組合是否偏重高風險的次級房貸借款人。

　　以兩家除了貸款組合不同、其他各方面都相同的銀行為例，一家銀行的貸款組成完全是由次級房貸的借款人所構成，其中有20％的人無法按時還款。另一家銀行的貸款組合主要是優質房貸的借款人，其中只有 2％無法按時還款。不是銀行專家都會了解第二家銀行的業績表現會比較穩定，而第一家的業績表現會有更多波動。

　　金融機構往往會呈現極為有用的指標來讓投資人了解自己的資產優勢和業績表現。舉例來說，一家銀行可能會報告延遲還款比率（delinquency rates）、銀行逾期放款（nonperforming loans）和呆帳準備水準（loan loss reserve levels）等數字。然而，有時管理階層會美化或隱藏可能會顯示出經營惡化的重要指標，以便用更有利的角度來展現自己。

▌ 留意財報呈現的改變

以曾是美國最大獨立非優質房貸放款機構新世紀金融公司為例，在 2007 年 4 月破產時，公司持有的高風險房貸達到新高。儘管面臨更高的延遲還款比率與呆帳比率，新世紀金融公司還是在 2006 年 9 月藉由**減少**呆帳準備金來維持獲利，而不是增提呆帳準備金。但是，在 2006 年 9 月公布營收時，公司並沒有完全誠實告知投資人公司的呆帳準備金水準。結果大多數投資人在閱讀營收公布報告後，都以為新世紀金融公司正在提高呆帳準備金。

這就是為什麼新世紀金融公司意識到，如果投資人知道公司在次級貸款組合正在惡化的同時減少呆帳準備，而且這樣的減少是獲利的主要推動力，投資人會非常震驚。的確，隨著次級房貸市場開始崩解，追蹤新世紀金融公司的分析師正在密切監控公司的呆帳準備金。因此，當公司公布 2006 年 9 月的業績時，管理階層悄悄的改變準備金的呈現方式。

先前，新世紀金融公司公布營收時是以單獨報表基礎來認列呆帳準備金。然而在 2006 年 9 月，公司把呆帳準備金與另一種準備金（擁有房地產的準備金）歸類為同一組，而且把這兩個準備金合在一起視為一個單位（見下面 BOX 附上的揭露資訊）。藉著合併這兩種準備金，新世紀金融公司能夠說自己的準備金從 6 月的 2 億 3650 萬美元，增加到 9 月的 2 億 3940 萬美元。然而，

以前投資人關注的數字（呆帳準備金）從 2 億 990 萬美元下降到 1 億 9160 萬美元。呆帳準備金下降是因為貸款被加速減記（稱為**註銷**〔charge-offs〕），而且新世紀金融公司無法認列足夠的費用來補充準備金。因為如果這樣做的話，2006 年 9 月的每股盈餘會從財報的 1.12 美元消減至 0.47 美元。

藉由簡單的改變關鍵指標的呈現方式，新世紀金融公司得以避免發出資產品質惡化的信號，同時還提報更高的盈餘。這種假造的手法讓公司可以拖延幾個月破產。敏銳的投資人不只會監控呆帳準備金的水準，還會監控業績表現，這些都是公司衰敗的警告信號。錯過新世紀金融公司營收公布時指標更改報告的投資人，如果幾天後讀了公司公布的季報，就會看到呆帳準備金被重組，這也提供合理的警告。

新世紀金融公司的呆帳準備金揭露

2006 年 6 月營收公告　　截至 2006 年 6 月 30 日，房貸投資組合的餘額是 160 億美元。**持有的投資組合呆帳準備金**是 2 億 990 萬美元，占投資組合未償還本金餘額的 1.31%。與 2005 年 6 月 30 日相較，投資組合未償還本金比例是 0.79%，2006 年 3 月 31 日則為 1.30%。

2006 年 9 月營收公告　　截至 2006 年 9 月 30 日，**持有的投資組合呆帳準備金與擁有房地產的準備金**是 2 億 3940 萬美元，相較之下，2006 年 6 月 30 日的數字是 2 億 3650 萬美元。這些金額

分別占房貸投資組合未償還本金餘額的 1.68%與 1.47%。

新世紀金融公司的高階主管們最終因為這個策略陷入困境。2009 年，美國證券交易委員會指控新世紀金融公司的前任執行長、財務長和會計長因為誤導投資人而進行證券詐欺，指控公司試圖向投資人保證公司業務沒有風險，而且表現比同行還好。

4. 扭曲債務指標來隱藏流動性問題

一家公司的現金負擔，像是貸款支付，可能也會對未來的營運表現產生影響。大量短期的債務負擔也許會阻止公司取得成長計畫的資金，或者更壞的狀況是使公司陷入破產的漩渦。

▌歐洲的安隆公司

帕瑪拉特集團（Parmalat Finanziaria SpA）是總部位於義大利的乳製品生產商和全球最大的包裝食品公司，它在 1990 年代藉著積極併購全球的食品服務公司，使事業快速成長。帕瑪拉特集團大幅仰賴債務市場來為其瘋狂採購提供資金，在 1998 年至 2003 年為各種合約借了至少 70 億美元。由於業務陷入嚴重困

境，帕瑪拉特開始無法產生足夠的現金來支付這些債務。此外，由家族控制與主導的公司高階領導人開始轉移數億美元到其他家族企業。因此，當債券到期時，帕瑪拉特迫切需要發行新債券和股票來籌措足夠的現金，償還舊債。

正常情況下，投資人不願從表現不佳的公司購買新的債券和股權，而公司的債務負擔沉重，還沒有現金。因此，為了吸引投資人，帕瑪拉特集團制定一個廣泛的計畫，以詐欺手段隱藏債務，並隱瞞不良資產。藉著美化公司的資產負債表，帕瑪拉特集團欺騙性的向投資人描繪成這是一家經濟狀況很穩健的公司。2003 年 9 月（詐欺被揭發的前一季），帕瑪拉特集團未報告的債務高達 79 億歐元。而公司財報提到的淨資產是 21 億歐元，實際上則是負的 112 億歐元，誇大 133 億歐元，真是不可思議！

帕瑪拉特的詐欺核心似乎是公司利用境外實體組織來掩蓋虛擬和受損的資產，捏造債務的減少，而且創造假造的收入。據說，帕瑪拉特從事的詐欺活動範圍非常驚人。美國證券交易委員會控告公司一些罪名，包括偽造債務的回購、偽造假造或無法收回的應收帳款、偽造應付款項的付款、認列虛擬的營收、將債務曲解為權益、將公司間的貸款偽裝為收入，以及將公司的現金轉移給執行長家族擁有的各種事業。

跟往常一樣，觀察敏銳的投資人會找到一些警告訊號。一個關鍵的警告發生在 2003 年 10 月底，當時帕瑪拉特的會計師（德

勤）在一份審計報告中寫道，他們無法證明涉及一家叫做伊比鳩魯（Epicurum）投資公司的某些交易，後來證明伊比鳩魯是公司其中一個進行詐欺的境外實體組織。這些交易相當重要。帕瑪拉特剛與伊比鳩魯公司簽下衍生性金融商品合約就認列收益，這項收益總計**超過 2003 年上半年帕瑪拉特的稅前盈餘 1 億 1990 萬歐元**。此外，因為德勤檢視財報，帕瑪拉特才揭露這些收益，但是在之前 2003 年 6 月帕瑪拉特公布營收時，這些資訊並沒有被揭露。

不到兩週後，在 2003 年 11 月，帕瑪拉特決定以公開的方式正式回應德勤交出的財報建議。公司在三天內發布四份新聞稿，說明德勤不簽財報的原因，而且進一步詳細解釋伊比鳩魯的投資。很顯然，帕瑪拉特決定在公開的論壇上駁斥會計師認為公司與一個名不見經傳的境外實體組織所進行的交易，而且這些交易的收益占公司近期全部的盈餘。

2003 年底帕瑪拉特的一系列事件或許是最危險的信號。身為投資人，當你看到一家公司與會計師公開唱反調時，尤其是針對一筆規模龐大的可疑交易時，你應該感到畏懼。出乎意料的是，帕瑪拉特的許多投資人都沒有這種感覺。直到幾週之後公司拖欠債務，股價才暴跌。

展望未來

　　本章完成關鍵指標舞弊的說明。在PART5〈併購會計舞弊〉要向讀者介紹如何分析最複雜的公司（併購公司），以及如何偵測偏愛採用併購導向策略的公司所使用的許多會計造假。

PART 5

併購會計舞弊

企業採取的行動中，沒有哪個行動比併購破壞更多的價值。

——紐約大學金融系教授亞斯華斯・達摩德仁
（Aswath Damodaran）

　　在一家成熟的企業裡尋找新成長引擎可能很有挑戰，而且管理階層通常會採用下列兩種方法來進行：（1）自然開發新類型的產品、服務或客戶，或是（2）併購。換句話說，「自製或買進」。

　　不論採用哪種策略，或是結合這兩種策略，成功的故事俯拾即是。以智慧型手機市場為例，蘋果公司在內部開發暢銷的iPhone 產品，自從十多年前上市以來，已經賣出超過 10 億支iPhone。如今，智慧型手機帶給蘋果約 60％的營收。相較之下，Google 在 2005 年以 5000 萬美元的價格併購 Android，成為智慧型手機領域強大的玩家。根據 2016 年法院文件資訊，從 2008 年以來，Android 軟體為 Google 帶來超過 300 億美元的營收和 220 億美元的獲利。因此，蘋果和 Google 使用不同的方法，一個自然成長，另一個透過併購成長，全都在智慧型手機市場得到不錯的成績。

　　顯然，遵循併購法的一大優勢是時機。不像蘋果公司花多年時間開發 iPhone，Google 為了自己的平台發現一個「隨插即用」的解決方案，與內部製造同類產品相比，它的手機上市速度更快。

　　但是，自然成長的公司與併購的公司最大的差別或許與失敗

有關。就像你想像的情況，公司試圖去發明、創造和行銷一個新產品的失敗率相當高。以鑽探石油的人來說，他們知道鑽到油井的機率很低，因此他們的考量一般都不會只在一次探勘考察上「孤注一擲」，因為這可能會危害公司。然而，即使他們大部分時間都不會成功鑽探到石油，不過長期來看，探勘油田還是相當有利可圖。

相較之下，併購顯然提供一個很有吸引力的風險樣貌。畢竟，被併購的公司大概已經在市場上有些成績，而且擁有一個可以衡量的業務基礎。但從某些方面來看，這只是個幻想，實際上，併購的長期成功率相當低。美國線上和時代華納的股東應該都會同意這點。美國線上的股東認為價值 1640 億美元的「新媒體」與「舊媒體」大型併購實在是太好的結果，他們還擁有新公司 55% 的股權。不過這個合併的企業在 18 個月後徹底失敗，財報上出現難以想像的 990 億美元虧損。

併購後無法產生跟之前宣傳一樣的成果有很多原因。在我們的經驗中，其中三種原因似乎特別能引起共鳴：

1. 普遍對「綜效」的魔術過度自信
2. 由於強烈的恐懼或貪婪而促成魯莽的交易
3. 因為人為的會計和財報利益而驅動交易，而非因為商業邏輯而驅動交易

1. 普遍對「綜效」的魔術過度自信

　　併購交易通常會推銷給對交叉銷售和削減成本機會感到高度樂觀的投資人。以聯合航空（United Airlines）母公司聯合航空控股公司（UAL）的宏偉計畫為例，公司在 1980 年代試圖創辦一個一站式的空陸聯遊的龐大計畫（one-stop fly-drive-sleep behemoth），以照顧旅客最重要的需求。在短短兩年內，聯合航空執行長理查・費瑞斯（Richard Ferris）花了 23 億美元併購赫茲租車（Hertz Car Rental）與威斯汀和希爾頓連鎖飯店（Westin and Hilton hotel chains）。1987 年，費瑞斯將公司名稱改為阿利傑斯（Allegis），「反映出廣泛涉獵各種旅遊經驗」。投資人討厭這個新名字（有人嘲笑稱這是伊吉傑斯公司〔Egregious Corp.〕[1]），而且質疑公司的商業策略。結果公司股價暴跌，而執行長也開始尋找新工作。

　　就像聯合航空，在沃爾瑪之前的最大零售商希爾斯（Sears）也喜歡「交叉銷售」的概念。因為擁有數百萬名顧客，因此管理階層相信可以建立一個「金融超市」，併購添惠證券（Dean Witter）、好事達保險（Allstate）和科威國際不動產（Coldwell Banker）之後，它們就可以銷售股票、保險和房地產。再一次，

---

1 Egregious 原意是極糟糕的、極壞的，這裡用相似的讀音來諷刺阿利傑斯公司。

投資人對於這些讓人混淆而昂貴的併購感到困惑與不滿。一位美林證券的批評者嘲笑的問：「消費者真的想在同一個屋簷下買襪子跟股票嗎？」隨著投資人的強烈反彈，希爾斯開始快速拋售這些公司。

2. 由於強烈的恐懼或貪婪而促成魯莽的交易

我們相信很多交易是由人類的恐懼或貪婪等情緒所驅動。以威朗製藥為例，執行長麥可‧皮爾森的股票分紅（如果股價每年瘋狂以60％增加就會達到最高）創造龐大的動力來讓公司以驚人的速度發展，這使得一連串的併購成為唯一符合邏輯的策略。

1990年代後期，美泰兒（Mattel）執行長吉兒‧巴拉德（Jill Barad）擔心傳統玩具事業無法提供足夠的成長機會，因此在快速成長的軟體產業中尋求併購機會。同時，學習公司（The Learning Company）創辦人、軟體產業企業家凱文‧歐利里（Kevin O'Leary）正為他的事業尋求買家。學習公司的事業包括混雜大約60家大多數沒有獲利的教育軟體公司，這些公司都藉由股票增資或承擔龐大的債務在幾年內迅速連續併購公司而成長。（沒錯，他就是在美國廣播公司熱門電視節目《創智贏家》〔*Shark Tank*〕裡暱稱為「美好先生」〔Mr. Wonderful〕的凱文‧歐利里）。

因此，當美泰兒來敲門時，歐利里渴望將事業變現。美泰兒在 1999 年 5 月同意付出 37 億美元。這是大錯！真是大錯特錯！合約簽完沒多久，美泰兒就開始報告令人失望的業績成果，大多是因為學習公司的事業所造成。（事實上，在併購交易宣布那天，美泰兒的股價就重跌，市值縮水 20 億美元。）隨著學習公司報告全年的總虧損總計 2.06 億美元，其中光是第四季就虧損 1.83 億美元，情況變得愈來愈糟。這導致美泰兒在那年出現 8600 萬美元的虧損，而且執行長吉兒・巴拉德在 2000 年 2 月丟掉工作。在這筆不幸的交易後不到一年，美泰兒很快就看透了，而且基本上無條件的放棄學習公司，以 2700 萬美元的低價賣給高爾集團（Gores Group）。雪上加霜的是，美泰兒後來還陷入股東的集體訴訟，付出 1.22 億美元。真是糟糕！

3. 因為人為的會計和財報利益而驅動交易，而非因為商業邏輯而驅動交易

本書 PART5 著重在併購時使用的人為會計與財報操作，目的是要誇大併購公司的績效表現與經營指標。

<u>3 種併購會計舞弊手法</u>

　　1. 人為增加營收與盈餘（第十五章）

2. 虛報現金流（第十六章）

3. 操縱關鍵指標（第十七章）

▌比較併購會計舞弊與其他舞弊

思考我們前面討論的所有舞弊（操弄盈餘、現金流和關鍵指標舞弊），這些花招都是要來掩蓋本業上的一些問題。有時，另一個層級的欺騙也許可以幫助邪惡的管理團隊隱藏原來要掩蓋的事情。在這裡可以使用併購會計舞弊手法，讓人更難檢測到本業問題。以奧林巴斯公司為例，最初是由管理階層決定使用操弄盈餘舞弊手法來隱藏本業問題，後來則使用糟糕的併購會計舞弊手法來掩蓋最初會計遊戲。

奧林巴斯進行長達數十年的隱藏虧損計畫，這些計畫無法為糟糕的投資活動認列減計費用。多年來，奧林巴斯投資很多企業，很多投資最後都以龐大的虧損收場。管理階層沒有對這些損失認列讓人失望的減計費用，而是決定要在資產負債表上維持這些投資誇大的市值。這個範例是第六章描述的技巧：**沒有減記減損的資產價值**。由於奧林巴斯資產負債表上的超額投資帳戶可能會引起投資人質疑，因此管理階層實際上是在併購的掩護下，把這些超額投資轉為商譽，然後把這些虧損轉移至由管理階層創造的非併購實體組織，來讓這些虧損消失。

除了用來掩蓋典型的會計舞弊之外，有些併購會計造假也能用來直接提供收益。在 PART5〈併購會計舞弊〉中會顯示幾個往往用來掩蓋本業問題的技巧，以及其他用來欺騙投資人的創新花招。

人為增加營收與盈餘

併購會計會竄改財報

　　投資人難以解讀併購公司財報的一個理由是因為，某些一般在損益表反映為費用的成本，卻會在資產負債表的**商譽**或**無形資產**中發現。此外，一些通常會反映為營業活動現金流減少的現金流出，則會被歸類為現金流量表的**投資活動現金流出**。

　　因此，應該將前兩種竄改作為（將營業成本移**到**資產負債表，以及將營業活動的現金流出移到投資活動）認定為併購流程的**結果**，而不是管理階層誤導而採取的公開行動。因此，我們並不是要批評管理階層，而是要警告投資人注意由併購會計慣例產生的內在誤導訊息。

將營業成本移到資產負債表

以製藥產業兩個不同的公司為例，甲公司自然成長，乙公司則透過併購而成長。甲公司在每年 10 億美元的銷售金額中花 15％在研發上，因此每年的支出費用是 1.5 億美元。相比之下，乙公司透過併購來取得大部分的新藥，在 10 億美元的銷售金額中只花 3％在研發上，也就是 3000 萬美元。比較兩家公司的結果，甲公司提報比較少的獲利，因為它必須認列 1.5 億美元的費用。相對來說，乙公司只花 3000 萬美元在少量的研發費用上，再加上一筆併購無形資產產生的相關攤提費用。但是在未來 5 年裡，乙公司可能會比甲公司**花更多錢**在獲得新藥和併購整間公司上。不過在一般公認會計原則的併購會計慣例下，大多數併購相關的成本不會被認列為費用，而會留在資產負債表上，通常會將大部分的金額列為**商譽**或**無形資產**。

關鍵是，從邏輯上來說，併購的公司應該比自然成長的公司提報更高的獲利，這只是因為事業成長的特定必要成本（例如研發）已經由其他人產生，因此不被視為從營收中扣除的費用。

將營業活動現金流出移到投資活動

就像我們在下一章討論的內容，併購公司在損益表上獲得的

相同收益也可以在現金流量表中看到。具體來說，透過現金併購所取得的產品會在現金流量表的投資活動（而非營業活動）上反映出現金流出。在併購會計原則下，這個慣例會使以併購驅動的公司所產生的營業活動現金流比自然成長的同儕公司來得好。同樣的，以併購為驅動力的公司會有更多現金流出，因為它們必須付出更高的成本來併購整間公司。

另一個重要的異常現象與併購驅動公司所產生的現金流有關。回想一下，營運資金的增加（也就是存貨或應收帳款的增加）通常會反映營業活動現金流的減少。然而，如果營運資金來自併購，而不是來自自然成長，就會反映出投資活動（而非營業活動）的現金流減少。同樣的，併購會計慣例會使以併購驅動的公司看起來像是更大的營業活動現金流製造者，但是這可能只是妄想。（第十六章顯示各種在併購流程中誇大營業活動現金流的花招。）

明天太陽依舊會升起

我們最喜歡的百老匯音樂歌手安妮（Annie）唱過一首令人難忘的歌曲，由小安妮演唱的〈明天〉（Tomorrow）。「明天太陽依舊會升起」這句歌詞表達出對美好未來的期盼。而連續併購的公司幾乎以同樣的方式掌握說服投資人的藝術，告訴他們，不論

過去有多麼陰鬱，併購之後就會有陽光燦爛的未來。為了使明天的太陽確實燦爛的照在新合併公司的機率增加，併購會計舞弊接著派上用場。

使用併購會計舞弊手法 1：人為增加營收與盈餘，主要目標是在交易結束後增加併購公司的盈餘和獲利。

> **▶ 人為增加營收和獲利的併購會計技巧**
> 1. 在併購完成前以各種花招來誇大目標公司的獲利
> 2. 在併購時隱瞞虧損來誇大獲利
> 3. 在併購完成後創造可疑的新營收流
> 4. 在併購完成前或剛完成時，藉著公布可疑的營收來誇大獲利

1. 在併購完成前以各種花招來誇大
目標公司的獲利

回想 PART2〈操弄盈餘舞弊〉討論的重要主題。與前五個操弄盈餘舞弊手法要誇大目前的獲利不同，第六個和第七個操弄盈餘舞弊手法呈現的是讓**未來**看來前景光明的花招，而且這正好是併購與被併購公司的目標，它們想讓併購完成後的成果更美好。為了達成這個目標，一個方法是在交易完成前減少盈餘，這稱為**匯報期末段**。

▎留意目標併購公司在併購完成前的營收放緩

如果在合併之前，威朗製藥的投資人密切注意目標併購公司的營收，就會發現一個非常困惑的模式。在許多情況下，目標公司在併購完成前所提報的營收與之前相比會劇烈下滑。然而，沒有哪個例子比希利斯製藥的情況更極端。表 15-1 顯示希利斯製藥 2013、2014 和 2015 年的各季銷售金額，請注意這些數字幾個有趣的模式：（1）在 2013 年最後三季，銷售金額幾乎沒有改變；（2）在 2014 年第一季（當希利斯製藥的管理階層積極想要銷售公司時），銷售金額與去年同期相比快速成長；（3）在 2014 年最後一季和 2015 年第一季（當威朗製藥進行併購的過程中），銷售完全中斷；而且（4）2015 年最後三季（在威朗製藥併購希利斯製藥之後），銷售強勁成長。

表 15-1　希利斯製藥 2013-2015 年的各季營收

年	季底（百萬美元）			
	3 月	6 月	9 月	12 月
2013	203	235	239	238
2014	403	376	342	**13**
2015	**0**	313	461	497

讓我們更深入了解這些奇怪的數字和趨勢。從 2014 年開始，希利斯製藥大力促使財報出現驚人的銷售成長，使併購買家付出

最高的價格。試著在併購交易完成前美化財報相當普遍，但是在沒有顧客買進產品下把存貨塞給經銷商就太過分了。確實，這種積極的通路塞貨做法引發監理機關的注意，最終使執行長和財務長丟掉工作。

但是這個會計遊戲離結束還遠得很。舉例而言，在 2014 年第四季，希利斯製藥幾乎沒有提報任何銷售，銷售金額只有區區的 1300 萬美元。因此與 2013 年同期相比，銷售金額不可思議的下降 95％。怎麼可能發生這種事？我們只想到兩個可能的解釋：（1）數字是正確的，希利斯製藥的事業已經完全崩解。這是不太可能的事，因為威朗製藥沒有選擇終止交易；或是（2）數字是被操縱的，希利斯製藥在 2014 年第四季故意不認列任何業績，目的是要讓威朗製藥在 4 月 1 日結束併購交易後把那段期間的營收都囊括在內。

併購交易完成後，威朗製藥在 2015 年剩下三季認列希利斯製藥高達 13 億美元的產品銷售金額（平均每季 4.24 億美元）。雖然我們聲稱沒有「確實」證據可以證明威朗製藥在春季拋棄的銷售誇大了營收，但是從表15-1的數字看起來，這種推斷很有說服力。

▌併購時留意異常的營收來源

兩方在合併前的協議顯然缺乏「公平原則」。以甜甜圈店

Krispy Kreme 在 2003 年重新獲得其中一家經銷商時誇大營收的巧妙計畫為例。

在併購完成前，Krispy Kreme 以 70 萬美元將甜甜圈的製造設備賣給這家經銷商。作為交易的一部份，Krispy Kreme 將買進經銷商的價格增加 70 萬美元，用來支付設備的價格。顯然這種安排沒有實質的經濟影響，因此不應該認列任何營收。但是 Krispy Kreme 並不這樣認為，它將設備銷售認列為營收，而不是用來抵銷加價買進經銷商的費用。毫不意外，這種舞弊手法幫助 Krispy Kreme 維持一貫超過華爾街預期的成功表現。

▊ 目標公司在匯報期末段期間減記大筆費用

為了在匯報期末段期間縮減營收，被併購的目標公司不只不提報所有銷售金額，還在這段期間減記大量的資產價值。具體來說，一家公司可以減記資產價值，在匯報期末段負擔新合併公司需要支付的費用。這很容易執行，目標公司只要在兩家公司合併之前宣布要減記資產價值，就可以事先精簡經營規模。

2. 在併購時隱瞞虧損來誇大獲利

正如在第六章討論的情況，奧林巴斯公司投注數十億美元在

虧損的投資上，使公司遲緩的成長加速。公司選擇不惜血本將資產完全保留在資產負債表上，違反會計師的意願。隨著資產數量增加到令人不安的龐大，奧林巴斯知道必須找另一個花招來讓投資帳戶上的金額消失。

2011 年 10 月，奧林巴斯解雇新任執行長麥可‧伍德福德（Michael Woodford）時顯示，公司一直在實施「tobashi 計畫」（這是日文說讓問題「飛走了」的計畫），據說有 20 億美元被挪用來彌補近 20 年來的不良投資。

根據伍德福德的說法，在 2008 年左右，奧林巴斯併購三家公司，而且付出的錢遠超過這些公司原本的價值。這些高估的價格（總計高達交易價值的 30％）被標記為「中間人費用」。伍德福德指出，投資銀行家通常會抽 1％到 2％，因此在這筆 20 億美元的交易中，付出的 6.74 億美元款項可能是要來彌補虧損，將投資從資產負債表移到一個未合併報表的相關實體。

當伍德福德負責跨歐洲的大量業務時，在 2008 年注意到這個舞弊手法，他試圖為了這個「莫名其妙的」歐洲併購案提交辭呈。不過他得到似乎可信的保證，而且獲得晉升，負責奧林巴斯整個歐洲業務。在接下來幾年中，伍德福德被升為營運長，最後成為執行長。當他意識到公司這些會計造假與其他花招的真正本質時，他讓董事會了解到他的深切關注。不幸的是，董事會沒有調查前任高階經理人的作為，反而開除伍德福德。不久之後，詐

欺案就曝光了。

3. 在併購完成後創造可疑的新營收流

買賣企業的雙方有很大的靈活度來安排交易，創造可疑的未來營收流。舉例來說，假設買家班（Ben）想要購買賣方山姆（Sam）的事業，而且他們以公司的公平市值 500 萬美元達成協議。接著班跟山姆說：「我要改付你 600 萬美元（而不是 500 萬美元），但你也要同意在隔年付 100 萬美元的許可證費用。」這項改變對班或山姆並沒有任何實質的經濟影響，但是交易安排的改變使班在併購隔年多出 100 萬美元的營收。認真的說，這種不合理的情況確實發生了。

▌ 留意買方或賣方創造無關的非經常性營收流

有時，我們會發現一家企業的買方或賣方會把看似無關的協議綑綁進併購會計中，藉此巧妙的創造經常性營收流。

FPA 醫療公司（FPA Medical）就採取一個巧妙的計畫，以併購作為掩護，憑空創造營收。1996 年，FPA 醫療公司付出 1.97 億美元給經營看護中心的基金會健康公司（Foundation Health），買下一整個醫療體系事業。不過，作為併購的一部分，FPA 醫療

公司向基金會健康公司的病人保證,接下來30年會持續不間斷提供服務。作為交換,基金會健康公司(賣方)同意在兩年內付給FPA醫療公司5500萬美元的回扣。FPA醫療公司每年收到2750萬美元,因此將這些錢認列為銷售收入。當我們仔細考慮這項交易的本質時,我們會認為認列這樣的營收是過於積極的做法。從實際的經濟條件來看,FPA醫療公司付出1.97億美元,並在兩年內收到5500萬美元的回扣,導致淨併購成本為1.42億美元,而這項交易的營收是0。

▌將企業銷售變成經常性營收流

一些公司會把製造工廠或事業部門賣給另一家公司,同時達成協議,向已經賣出的事業單位買回產品。就像FPA醫療公司和基金會健康公司的交易,當現金在兩方之間流動時,就有很多圍繞著現金流分類有關的遊戲可以玩弄。

以2006年11月半導體巨頭英特爾和晶片製造商邁威爾科技公司的交易為例。英特爾同意銷售某些資產給邁威爾,同時,邁威爾同意未來兩年向英特爾至少買進一定數量的半導體晶圓。

在研究這兩家公司財報的附注時,我們會了解英特爾這項業務的價格低於市場價值(猜測會從這項銷售中認列較少的收益),但是由於邁威爾同意之後以**高於市價**的價格購買晶圓,因

此完成整個交易（進而創造出全新、誇大的經常性營收流）。簡而言之，英特爾使用一項舞弊手法，進而轉移一些與資產銷售相關的一次性收益，從銷售給客戶的產品中增加經常性營收。

當目標公司的會計實務改變導致新公司的獲利誇大時，質疑併購公司的管理階層

儘管第一種併購會計舞弊手法顯示目標公司幫助併購公司所進行的花招，但是併購公司仍然擁有很多王牌可以在交易結束**後**誇人獲利。回想第三章討論威朗製藥在剛併購梅迪奇製藥公司後進行的會計實務更改。在併購結束後第一季，威朗製藥改變梅迪奇製藥的營收認列政策，以便更快認列銷售金額，進而誇大威朗製藥的營收和獲利。梅迪奇製藥透過經銷商麥卡森公司銷售，然後麥卡森公司再把產品賣給醫生客戶。梅迪奇製藥歷來都使用非常保守的「通路零售法」（sell-through），也就是說，在經銷商賣產品給醫師前不能認列銷售。為了在併購完成後促進梅迪奇製藥業務的銷售成長，威朗製藥要梅迪奇製藥馬上改為更為積極的「售出法」（sell-in），更早認列銷售，在產品送到經銷商那裡時就認列銷售。毫不意外，這種營收認列的大幅轉變引起美國證券交易委員會的注意，美國證券交易委員會以正式信函告知公司，要求它們解釋這種改變的理由。

4. 在併購完成前或剛完成時，
藉著公布可疑的營收來誇大獲利

在併購交易的過程中，會為管理階層創造很多新機會，能在以後人為增加收入。管理階層能認列裁員或預定的法律費用，然後在管理階層認定這樣的費用將比原先預期還少的情況下，釋放這些準備金變回所得（這項舞弊手法最典型的例子是第一章介紹的 CUC 國際公司）。併購公司還可以為或有對價的款項提供超出必要的準備金，這些或有對價款項可能會付給被併購的目標公司老闆，然後在他們認為沒有必要時，釋放一些準備金轉換為收益。

當可能需要付或有費用時，
釋放與併購交易相關的準備金

假設你以 6000 萬美元買下一家企業，後來如果這個企業達到某個商訂的業績目標，可能需要另外支付高達 4000 萬美元的「獲利計酬」（earn-out）。這 4000 萬美元會在資產負債表上認列為「或有對價負債」（contingent consideration liability）。一年後，假設企業表現**低於**預期，而且預期付款降至 3000 萬美元，你就必須做會計分錄，減少（計入貸方）或有對價準備金，而且減少（計入借方）營業費用，這會導致收益增加 1000 萬美元。

表面來看，結果似乎不合邏輯。當你買進一個**業績表現不佳**的公司，你會**增加**獲利。但是從會計角度來看，未來獲利計酬的減少被視為收益。

如果一家公司想要利用或有對價保證金來搞鬼，這很容易做到。管理階層就像專業的魔術師拿出魔杖一般，誇大原來總估價費用的最初公平市價，然後又斷言併購企業的業績表現不佳（而且會產生很少或根本沒有的未來付款），因此憑空創造獲利。

留意或有對價負債減少所帶來的高收益

服飾製造巨頭利豐大幅提高在 2012 年前六個月的營業利益，這是藉著降低來自潛在獲利計酬費用所產生與併購相關的或有對價負債而導致。這個簡單的管理決策在六個月來產生 1.98 億美元的獲利（占營業利益 51％）。投資人應該擔憂被併購的企業業績不佳，因為或有負債的減少顯示，某些被併購的企業在併購時無法達到利豐設定的業績目標。

--- 展望未來 ---

第十五章顯示在併購的掩護下，經理人如何巧妙的誇大獲利並欺騙投資人。下一章會說明經理人如何利用併購的結構和靈活性來誇大提報的營業活動現金流。

虛報現金流

　　感恩節後的星期五通常被認為是假日購物節非正式的開始。傳統上，就算這不是**最大**的購物節，也是一年中數一數二的購物節。長期以來，這天被稱為「黑色星期五」，因為很多人希望在這天零售商會讓這年走向「獲利」（move "into the black"，這是「轉虧為盈」的會計俚語）。每次接近黑色星期五的時候，零售商會迅速提醒我們必須參與所有假日購物節了。他們提供龐大的銷售商品，並在廣播和報紙填滿「血拚到手軟」的廣告時，試著吸引我們進入商店。

　　泰科和世界通訊似乎奉行字面上「血拚到手軟」的口號，他們一直在買一整間的企業，這樣的假日購物季持續很多年。在 1990 年代末期和 2000 年代初期，兩家公司都大肆購物，併購一個又一個公司，藉此推動傲人的業績表現。不過，泰科和世界通

訊的自然成長比投資人意識到的情況還小，因為這兩家公司都藉由併購許多公司並玩弄會計手段來顯示傲人的業績，藉此隱藏問題。他們血拚又血拚，直到龐大的會計詐欺手法暴露出來，重摔倒地。

在他們瘋狂購物的期間，兩家公司一貫都是報告公司擁有強勁的營業活動現金流，藉此滿足投資人的要求，讓有異議的人無話可說。然而，這樣的現金流並不完全是營運實力的指標，相反的，這主要是因為廣泛使用併購會計舞弊手法2：虛報現金流。

在這一章，我們會討論泰科、世界通訊和其他公司藉由併購和處分資產來增加和吹捧營業活動現金流的三個技巧。

> ▶ 人為誇大營業活動現金流的併購會計技巧
> 1. 接手正常併購企業的營業活動現金流入
> 2. 取得合約或客戶，而不是內部開發合約或客戶
> 3. 創造性的安排企業銷售，藉此誇大營業活動現金流

1. 接手正常併購企業的營業活動現金流入

這章的現金流移轉花招與第十一章的討論有很多相似之處，它們都呈現出在營業活動和其他活動間的移轉。然而，在這章，我們只關注在與併購和處分資產相關的移轉。這章前兩個技巧涉

及現金從營業活動移到投資活動，就像圖 16-1 顯示。

　　一季接一季，泰科和世界通訊等瘋狂併購的公司往往會提報更加令人印象深刻的營業活動現金流。面對突然併購多家公司的財報不透明性，這類公司的投資人往往會更加仰賴營業活動現金流指標，把這項指標視為企業實力和獲利品質的信號。不幸的是，高度信任併購公司的營業活動現金流是不明智的做法，因為併購公司想要對投資人隱瞞一個深層暗藏的祕密。

圖 16-1 將營業活動的現金流出移到投資活動

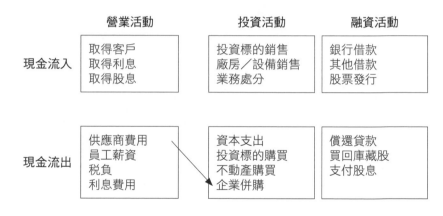

	營業活動	投資活動	融資活動
現金流入	取得客戶 取得利息 取得股息	投資標的銷售 廠房／設備銷售 業務處分	銀行借款 其他借款 股票發行
現金流出	供應商費用 員工薪資 稅負 利息費用	資本支出 投資標的購買 不動產購買 企業併購	償還貸款 買回庫藏股 支付股息

　　這個祕密涉及一個會計的古（漏）怪（洞），讓併購公司在**每一季只是因為併購其他公司**就可以顯示出強勁的營業活動現金流。換句話說，只要併購一家公司，就可以為營業活動現金流帶來好處。這怎麼可能是真的？好吧，這是一個會計原則產生的特殊副作用，這個原則將現金分成三個項目，這樣的古怪相當簡

單，而且很容易理解。

　　想像你是一家準備併購其他企業的公司。當你為一項併購付款時，並不會影響營業活動現金流。如果你用現金買進這家公司，付款會被認列為**投資活動現金流出**。如果你改為用股票買進，這樣的話，當然不會有現金流出。

　　一旦獲得這家公司的控制權，被併購公司的所有資金進出全都成為合併後公司營運的一部分。舉例來說，當新併購公司銷售產品時，你會把這樣的銷售認列在損益表上，視為營收。同樣的，當新併購公司向客戶收取現金時，你會把收到的現金認列在現金流量表上，視為營業活動現金流入。考慮這個情況對現金流的影響。一方面，你會在最初營業活動現金沒有流出的情況下產生新的現金流（併購企業）。相反的，尋求**自然**成長的企業通常會先產生營業活動現金流出，拿這些現金來建立新事業。

　　此外，既然你已經接手被併購公司的應收帳款與存貨，你就能夠透過快速清算這些資產（也就是收回應收帳款和銷售這些存貨）來產生無法持續的營業活動現金流收益。通常，應收帳款是由之前的現金支出所產生（例如付現金來購買或製造已賣出的存貨）。換句話說，只有在你已經付出現金來創造這些應收帳款之後，你才能從收回應收帳款產生現金流入。但是，當你併購一家公司，而且接受這家公司的應收帳款，產生這些應收帳款的現金流出會在併購前認列在被併購公司的帳上。這意味著當你收回這

些應收帳款時，你會在沒有認列相應的**營業活動現金流出**下，收到**營業活動現金流入**。存貨的情況也一樣，銷售從被併購公司接手的存貨所得到的收益會被認列到營業活動現金流入，即使沒有出現任何營業活動現金流出。

以這種方式思考一下：買進存貨所花掉的現金和其他與銷售有關的成本都是**在併購之前發生**，而且當你完成交易時，顯然必須把存貨、應收帳款等等交給賣方，但是這些現金流出都反映在投資活動項目。然後，在交易完成後，你從客戶收到誘人的全部現金，而且把這些現金列為營業活動的現金流入。藉由清算這些資產，而不是增添這些資產（也就是在最低水準下保留併購企業的存貨），就能夠在現金流上顯示不可持續的收益。真是太棒了！在併購的脈絡下，現金流出都不會算在營業活動上，但所有現金流入都會算在營業活動上。

公平的說，當公司接手營運資金負債（像是應付帳款），接著併購公司就要想辦法清償賣方銷售產品的責任，而付出的現金就會是營業活動的現金流出。但是，大多數併購所涉及的公司都有**正數的淨營運資金**（應收帳款和存貨比應付帳款還多）。

會計錦囊 併購會計對營業活動現金流的影響

會計原則的古怪規定讓許多公司只要併購一家公司就可以在營業活動現金流上得到利益。當公司自然成長時，當然會產生營

業活動現金流出（創造產品和行銷產品的費用），進而產生營業活動現金流入（客戶的付款）。然而，一家藉由併購其他企業來成長的公司會把一些營業活動現金流出視為與現金流量表上的營運資金不同的分類。簡而言之，因為整個併購價格（包括被併購的目標公司營運資金）會包含在現金流量表上的投資活動現金流，自然會人為誇大營業活動現金流。

要了解箇中原因，就要了解現金流量表投資活動上花在併購其他企業的現金（當然，為併購而發行的股票並不會影響現金流量表）。結果，當買進另一家企業時，公司接手新的現金流入，但不必產生營業活動的現金流出。此外，藉著清算併購企業的營運資金，一家公司可以為自己提供不可持續的營業活動現金流成長。這些會計上的細微差異，就是為什麼透過併購而成長的公司往往會比自然成長的公司呈現更為強勁的營業活動現金流。

重要的是了解到，因為營業活動現金流的增加只是併購會計必要的產物，即使是最誠實的公司也會在併購後因為誇大的營業活動現金流而受益。此外，這種增加可能會使「盈餘品質」指標（像是營業活動現金流對淨利比）得以改善，尤其是如果一家公司在併購時並沒有採用任何操弄盈餘舞弊手法的時候。

▌ 持續併購的公司會反覆讓營業活動現金流增加

到目前為止，我們已經確立一個觀點，從本質上來說，併購

會導致營業活動現金流增加。思考一下這對泰科和世界通訊這樣每年連續併購的公司所造成的影響。許多投資人批評這些連續併購的公司只要藉由「整合」（rolling up）併購，就能自然的創造營收和獲利成長。

這些「整合者」（roll-ups）往往會拒絕這樣的批評，而且強調他們的營業活動現金流成績可以證明他們把被併購企業經營得相當好，而且還發揮企業綜效。許多投資人相信這樣的宣傳，因為他們無法了解你剛學到的教訓：財報中更強健的營業活動現金流只是每年併購很多公司產生的會計副作用。

▍ 在集團企業加入「騙局」

對一些公司而言，單純增加現金流量似乎還不夠，他們想要從這些併購中榨出更多東西。考慮下面這個情況，這是根據泰科在併購過程的作為所進行的指控。

假設你在一家公司的會計部門工作，這家公司剛宣布被一家持續併購的公司買下。併購還沒有正式進行，但是這是一項有利可圖的友好併購，而且併購交易可能在月底前完成。新的老闆想要開始接手經營。

來自併購公司的一位財務主管突然來訪。他召集團隊開會，並討論一些後勤工作，他說這會幫助公司更加順利的度過併購的

過渡期。他開出一堆支票，那是那天稍晚你計畫要存入的客戶付款。「你看到這些支票嗎？我知道正常情況下你會在一天結束時存進去，但是現在暫緩一下。把他們放進抽屜，幾週後再存進去。然後打電話給我們最大的客戶，告訴他們可以暫時晚幾週付款。我知道這聽起來很奇怪，但是這會增加客戶對我們的好感，而且確保這些客戶在公司過渡期間維持忠誠度。

「而且你有看到那堆鈔票嗎？我知道你通常會等到最後期限才付清款項，但現在請盡快付款。實際上，看看你是否可以預先付給賣方或供應商費用，我相信這些人會願意拿到我們的錢，甚至會給我們折扣。我們在銀行裡當然有足夠的現金可以善加利用。」

併購結束後第二天，高層回來了。「現在我們是一家正常的公司，該回到正常的業務流程了。立刻存入這些支票，並開始向客戶收款。還要停止提早支付這些帳單，等到接近截止日期再付款。」

思考這種情況對現金流的影響。在即將併購的那幾週，目標公司的營業活動現金流異常的低，因為它們放棄努力取回款項，而且盡快付清帳單。然而，一旦併購完成之後，就立刻收回異常多的應收帳款，而且只有異常少的帳單要支付。這導致部門的營業活動現金流入在併購之後立即變得異常的高。

這個財務主管暗中要些手段。他放棄努力取回款項並預付費用給供應商的理由與公司商譽一點關係也沒有。他會制訂這個計

畫是要來誇大合併公司在併購後第一季的營業活動現金流。當然，這種好處是短暫的，然而這位高階經理人知道，如果每一季都持續整合愈來愈多的併購公司，這個計畫就可以持續下去。

▌所有整合企業之母：泰科

這種情況就像泰科併購時被指控在幕後推動的事情。而且泰科進行**很多**併購。從 1999 至 2002 年，泰科買進超過 700 家公司（沒有寫錯），總價值大約 290 億美元。其中有些是大公司，但是大多數被併購的企業都小到泰科認為他們「無關緊要」，而且選擇不透露任何資訊。想像一下，合併 700 家總價值 290 億美元公司這個遊戲所產生的影響。就像表 16-1，泰科多年來能夠產生強勁的營業活動現金流應該不足為奇。但這肯定不是因為公司的業務蓬勃發展。

表 16-1　泰科的營業活動現金流（來自持續的經營）

（百萬美元）	1999 年會計年度	2000 年會計年度	2001 年會計年度	2002 年會計年度
營業活動現金流	3,550	5,275	6,926	5,696

用不同的方式看待併購公司的營業活動現金流

因為併購會產生不可持續的營業活動現金流增加，因此投資人不應該盲目的將營業活動現金流視為是業績表現的指標。使用

併購**後**的自由現金流來評估併購公司的現金產生數量。表 16-2 顯示泰科在每年併購後認列的自由現金流呈現負數，儘管財報提供的是正數的營業活動現金流，這是一個警告，顯示營業活動現金流並不符合實際呈現的情況。

表 16-2　併購後泰科的自由現金流（來自持續的經營）

（百萬美元）	1999	2000	2001	2002
提報的營業活動現金流	3,550	5,275	6,926	5,696
扣除：資本支出	(1,632)	(1,704)	(1,798)	(1,709)
扣除：在建工程	－	(111)	(2,248)	(1,146)
自由現金流	1,918	3,460	2,880	2,841
扣除：併購	(5,135)	(4,791)	(11,851)	(3,709)
併購後的自由現金流	(3,217)	(1,331)	(8,971)	(868)

> **TIP**　在分析持續併購的公司時，「併購後的自由現金流」是衡量現金流的有用指標。這個指標可以從現金流量表很容易計算出來，計算方式是：營業活動現金流**減去**資本支出，再**減去**因為併購付出的現金

查看併購公司的資產負債表

如果可以取得這些文件，接著絕對要去檢核。這樣做應該可以幫助你評估潛在接手公司的營運資金效益。雖然很難精確分析這點，不過你往往能夠評估這項收益的「範圍」。公司往往會在

資產負債表揭露較大的併購案，而且有時在合併資產負債表的附注中揭露較小的併購案。如果被併購公司有公開發行股票或債券，你可能可以從公開記錄中得到資產負債表。

2. 取得合約或客戶，
而不是內部開發合約或客戶

在上一節中，我們討論併購本質上如何使營業活動現金流增加。這樣的效益並不是由於非法的會計操作所導致，而是由於古怪的會計原則所導致。我們目睹泰科濫用會計原則，悄悄的併購數百家小公司，並找到從這些併購中搾取更多營業活動現金流的方法。

在這一節，我們會進入更邪惡的領域，並探討公司如何在非併購的情況下使用併購會計漏洞，將正常的營業活動現金流移到投資活動。

在泰科擁有的數百家公司中，有一家電子保全供應商。家庭保全產業在 1990 年代是快速發展的產業，而且泰科的 ADT 部門被證明是最受歡迎的品牌之一。泰科以兩種方式產生新的保全系統合約：一是透過自己的直接銷售團隊，還有透過外部經銷網絡。經銷商允許泰科將一部份的銷售團隊外包。他們不在泰科付薪水的名單上，但是他們賣出保全合約，泰科平均為一位新客戶

付給他們大約 800 美元。

奇怪的是，泰科的高階經理人並沒有像經濟學建議的，把付給經銷商的 800 美元費用視為正常的客戶招攬成本。相反的，他們認為這些費用是「取得」合約的購買價格。因此，在經銷商交給泰科很多合約並收到付款後，泰科奇特的將這些「合約取得」用正常的企業併購方式來考量，視為投資活動的現金流出。

在併購心態深深融入泰科文化和 DNA 的情況下，你幾乎可以想像出高階主管之間的困惑。幾乎是如此。這些客戶的招攬成本與正常業務支出的相似之處遠遠比企業併購更加相似。因此，把它們認列在現金流量表的營業活動現金流出，就像認列泰科內部銷售團隊的佣金一樣合理，藉著將這些營業活動現金流出歸類在投資活動的「併購」科目，泰科發現一個誇大營業活動現金流的便捷方法。**而且公司並沒有在這裡止步！**

▎從積極的會計手法到詐欺

藉由將投資活動變成一個隱藏客戶招攬成本的垃圾場，泰科積極、有創意的扭曲會計原則。但是這家公司還想要更多。因此公司制定一個進一步誇大營業活動現金流（和盈餘）的新計謀，而且藉著這個做法跨越界線，從積極的會計手法變成詐欺行為。美國證券交易委員會指控，從 1998 年至 2002 年，泰科使用「經

銷商連接費假交易」（Dealer Connection Fee Sham Transaction）的手法，以詐欺的方式產生 7.19 億美元的營業活動現金流。運作方式如下：

當泰科向經銷商購買合約時，經銷商都需要預付 200 美元的「經銷商連接費」。當然，經銷商對於付這筆新費用並不高興，因此泰科將買進的新合約價格同樣提高 200 美元，從 800 美元提高到 1000 美元。最終結果並沒有改變交易的經濟學：泰科仍然付給經銷商 800 美元的淨額來買進這些合約。

但是泰科並不這樣認為。畢竟，除非管理階層認為這個策略最後是有效益的，否則公司不會創造這樣的花招。泰科現在為了買進這些合約，認列 1000 美元的投資活動現金流出，而且營業活動的現金流入可以抵銷 200 美元。本質上來說，泰科藉著壓抑投資活動的現金流來創造假造的 200 美元營業活動現金流入。（見表 16-3）。在過去五年有成千上萬的合約都為營業活動現金流做出巨大的貢獻！

表 16-3　泰科把付給經銷商的淨費用有創意的進行分類

	原始數字	假造數字	泰科的現金流量表分類
泰科從經銷商手上買進合約	$800	$1,000	投資活動的現金流出
經銷商付「連接費」給泰科	—	($200)	營業活動的現金流入
泰科付給經銷商的淨費用	$800	$800	—

3. 創造性的安排企業銷售，
藉此誇大營業活動現金流

在前兩節中，我們顯示公司如何使用併購手法來把現金流出從現金流量表的營業活動移到投資活動。在這一節中，我們討論硬幣的另一面：公司如何處分資產，將現金流入從投資活動移到營業活動，如圖 16-2 所示。

▍從企業銷售的收益中認列營業活動現金流

2005 年，軟銀與日本電信公司 Gemini BB 達成一個有趣的雙向協議，軟銀把數據機租賃事業賣給 Germini，同時，兩家公司簽訂一項「服務協議」，Gemini 會根據數據機租賃業務的未來盈餘付給軟銀專利使用費。出售的同時，軟銀會從 Gemini 得到 850 億日圓的現金，但是軟銀並不認為這筆費用全都與業務的銷售價格有關。相反的，軟銀決定將收到的現金分成兩類：450 億日圓歸類在業務的銷售，而 400 億日圓被視為未來專利使用費收入流的「預付款」。（你也許還記得第五章操弄盈餘舞弊手法 3 討論到，這項交易帶來盈餘的誇大）

圖 16-2　現金流入從投資活動項目移到營業活動項目

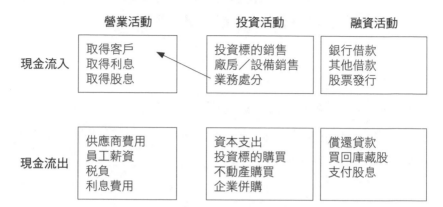

　　這種經濟現況似乎是軟銀以 850 億日圓賣出數據機租賃業務。然而，這筆交易的架構似乎允許軟銀在呈現現金流時可以自由裁量。軟銀沒有認列 850 億日圓的業務銷售為**投資活動**的現金流入，而是認列（1）450 億日圓的業務銷售為投資活動的現金流入，以及（2）400 億日圓的未來營收「預付款」為**營業活動**的現金流入。這 400 億日圓的營業活動現金流增加，占軟銀全年 578 億日圓營業活動現金流的 69%。

留意現金流量表的新科目

　　投資人只要查看現金流量表，可能很容易就可以發現軟銀的營業活動現金流增加。看表 16-4，請注意 2006 年出現一個新科目：400 億日圓的「遞延營收增加」。現金流量表揭露的資訊（以

及對營業活動現金流的影響程度）足以讓精明的投資人深入探究。

表 16-4　軟銀 2005-2006 年的現金流量表

（百萬日圓）	2005	2006
稅前盈餘	(9,549)	129,484
折舊與攤銷	66,417	80,418
其他非現金收益，淨值	(115,659)	(136,455)
應收帳款增加	(15,854)	(23,333)
應付費用增加	2,373	4,331
遞延營收增加	—	**40,000**
其他應收帳款增加	(70,813)	(9,865)
其他應付票據增加（減少）	97,096	(26,774)
營業活動現金流	(45,989)	57,806

▍出售事業，但是保留一些好東西

　　泰尼特醫療集團（Tenet Healthcare）擁有並經營醫院與醫療中心。近年來，泰尼特已經出售一些醫院來提高公司的流動性與獲利能力。在安排出售這些醫院時，它往往會俐落的增加營業活動現金流：除了應收帳款之外，它把所有東西都賣掉了。

　　讓我們討論一下這是如何運作的。就像其他公司一樣，可以把每個醫院都看成自己擁有的小企業，擁有營收、費用、現金、應收帳款、應付帳款等等。在出售醫院之前，泰尼特把應收帳款與事業分開。換句話說，如果一家醫院有比如說 1000 萬美元的應收帳款，泰尼特會保留這些應收帳款的權利，而且會把這個事

業的其他部份都賣掉。當然，這會使醫院的最後賣價降低大約 1000 萬美元，但是泰尼特並不在乎，因為它在收回這筆應收帳款時，就會把錢收回來。

這對現金流有什麼隱含的影響？嗯，正常情況下，出售一家醫院的所有收益都會被認列為投資活動的現金流入（就像出售任何業務或固定資產一樣）。但泰尼特在出售醫院之前先剔除應收帳款，將銷售價格（和投資活動現金流入）降低 1000 萬美元。然而，公司很快就會從先前的客戶中收回 1000 萬美元，而這是最棒的部分：所有收益都會被認列為營業活動現金流入，因為這與取得應收帳款有關。這個花招讓泰尼特將 1000 萬美元的現金流入從投資活動移到營業活動。

閱讀泰尼特財報的勤奮投資人會發現這個遊戲。就像下面呈現的情況，公司在 2004 年 3 月的季報中清楚顯示公司計畫保留與出售的 27 家醫院相關的 3.94 億美元應收帳款。

▶ 泰尼特在 2004 年 3 月季報揭露醫院銷售資訊

因為**我們不打算銷售資產的應收帳款**（除了一家醫院的應收帳款以外），因此，這些應收帳款在減去可疑帳目的相關準備金列在附上的簡明資產負債表中的合併應收帳款淨值上。截至 2004 年 3 月 31 日為止，**待出售醫院的應收帳款淨值總計為 3.94 億美元。**

買進企業，但沒有買到任何不好的東西

在上一節中，我們顯示泰尼特如何藉由巧妙安排企業的銷售（把所有東西賣掉，**除了**應收帳款）來誇大未來的營業活動現金流。嗯，企業的買家也可以用幾乎相同的方式來增加現金流，那就是買下所有東西，**除了**應付帳款。而且這恰好是樹屋食品公司（Treehouse Foods）2016 年初以 27 億美元買下私有品牌公司（Private Brands）使用的花招。通常在這種類型的併購中，樹屋食品公司會在合併結束那天承擔私有品牌公司的資產和負債。不過，在這種情況下，這次併購**明確排除**私有品牌公司九家製造工廠的**應付帳款**。這些付款義務本質上是從併購中剔除的，進而導致買進價格與淨資產更高。合併之後，樹屋食品的營業活動現金流會從已經併購的營運資本資產所收回的現金受益，而且因為沒有持有相關的應付帳款，因此很方便的不會自然抵銷這些利益。確實非常聰明。

買下一家企業的多數股權，
但是用限制用途的現金來隱瞞現金流出

惠而浦併購中國家電製造商合肥榮事達三洋電器的多數股權時，公司將現金隔離到一個有限制用途的帳戶中，來滿足企業的

營運資金和持續的研發需求。在接下來的幾年中，合肥榮事達三洋電器（更名為惠而浦中國）的流動性需求都由這個有限制用途的現金帳戶提供資金。跟大多數公司一樣，惠而浦的現金流量表提供原來（用途不受限制）現金餘額期初到期末的調整，因此來自分離帳戶的付款對於提報的營業活動現金流或自由現金流沒有不利的影響。

▎營業活動和投資活動現金流出的模糊界線

有時，併購會創造一個複雜的狀況，因此很難區分投資活動與營業活動。如果一家企業在併購之前是合夥人／員工擁有，而且這些人還會持續參與經營時尤其如此。MDC 合夥公司（MDC Partners）就提供一個範例。這家總部在紐約的廣告代理商在很大程度上是透過併購較小的代理商而發展起來的，每年都會完成幾筆併購交易。通常公司只會先支付部分的併購費用，剩下很大一部分的費用則會隨著時間經過按照業績獎金（earn-outs）來支付。因為公司主要是併購合夥人，因此持續的業績獎金會直接付給現有的員工，而且很可能占他們的年薪很大一部分。不論這樣的費用是嚴格的「資本費用」（capital payments），還是某種程度很難被定義、而且可能很主觀上的獎金，它們都會在對提報的營業活動現金流或自由現金流沒有任何不利的影響下，讓員工更有錢。

展望未來

　　下一章要介紹併購會計舞弊手法 3：操縱關鍵指標，而且會完成我們對併購會計舞弊的所有討論。

第十七章 併購會計舞弊手法 3

操縱關鍵指標

　　學術研究長期以來一直支持一種論調：大多數併購活動都會破壞股東價值。因此管理階層必須非常努力去說服投資人併購交易的優點。這就是併購會計舞弊手法 3：操縱關鍵指標派上用場的地方，它可以以非常有利的角度描繪企業合併。隨著近年來操縱關鍵指標舞弊愈來愈普遍，大多數併購型公司愈來愈常使用誤導性的非一般公認會計原則指標。

促進核心業務的銷售成長

　　在分析併購公司時，投資人往往很難區分傳統事業的自然營收成長與併購公司的營收成長。一個主要的阻礙是自然營收成長並不是一般公認會計原則定義的指標，因此允許管理階層提出自

362　*Financial Shenanigans*

己的計算方式（或是完全不揭露自然成長的資訊）。管理階層自然希望投資人相信公司的核心業務很強健，因此投資人在解釋公司定義的自然成長指標時需要格外警惕。

確定併購之後所代表的銷售成長率

在評估完成併購的公司時，重要的是理解併購交易對於財報營收的影響，而且要評估在沒有這筆交易下的成長率。從交易結束的那一刻起，併購企業的財報結果就以一般公認會計原則為基礎，因此財報裡的銷售成長自然會人為增加。投資人可以用幾種方法來糾正這種扭曲的情況，並得出更精確理解的企業潛在成長率。

在很多情況下，併購公司會在財報的附注揭露資訊，顯示「擬制」（pro-forma）基礎的銷售數字，這包括近期被併購公司與舊有業務前一年開始的財報結果。這可能是非常有用的資訊，因為它提供現在組成公司業務部門的年化成長率。在其他情況下，併購公司也許會揭露目標公司對合併後整體營收的貢獻。這也是有用的資訊，因為它提供讀者足夠的資訊去計算如果沒有這筆交易可能會產生的財報結果。

如果有個重要的併購案，我們建議藉由閱讀每個可獲得的資訊，並反覆計算數字，就能夠分析舊事業、被併購事業與合併事

業的潛在成長率。

▌尋找自然銷售成長或擬制銷售成長的古怪定義

　　聯盟電腦系統公司（Affiliated Computer Systems）用很古怪的方式呈現公司的自然成長，或是說他們所謂的「內部成長」（internal growth）。在計算內部成長率時，公司不只簡單的把被併購企業的營收排除，還根據前一年併購企業的營收刪除一筆固定的金額。（請見下面聯盟電腦系統公司揭露的資訊。）這意味著聯盟電腦系統公司可以在自己的內部成長中包含任何被併購公司在併購前所預定的任何大型交易。

> ▶聯盟電腦系統公司的內部營收成長定義
> 　　內部營收成長是以總營收成長減去併購取得的併購營收，以及從銷售經營業務所得到的營收。併購產生的併購營收是**根據併購前被併購公司的正常營收計算。**

　　為了說明這點，我們假設聯盟電腦系統公司在 2005 年 1 月 1 日併購一家公司。在 2014 年，這家被併購的目標公司創造 1.2 億美元的營收（每季 3000 萬美元）。在併購前幾週，目標公司還完成一筆大交易，從 2005 年開始每年可以帶來 1000 萬美元的額外營收。

現在假設目標公司在 2005 年 3 月（併購後的第一季）預期會產生 4000 萬美元的營收（正常情況下的 3000 萬美元，加上新合約帶來的 1000 萬美元）。聯盟電腦系統公司在計算 2005 年 3 月的內部營收成長時，從邏輯上應該完全排除這 4000 萬美元，因為如果沒有這筆併購，這筆營收並不會計入聯盟電腦系統公司的營收之中。但是，聯盟電腦系統公司的計算允許公司把這 1000 萬美元的新合約視為公司「內部」成長的一部分。結果，聯盟電腦系統公司的內部營收成長就會不當的從被併購公司業務的營收受益。顯然，這並不是一個公平的比較方法。

> **TIP** 仔細研究併購公司計算自然成長的方式，因為它可能會包括從被併購的目標公司產生的營收。

▎當關鍵績效指標包括被併購公司的營收時要提高警覺

通常同店銷售指標並不包括新店的影響，但是當星巴克從 2004 年開始併購地區性的加盟商時，馬上就把現有商店放進比較基準中。因此，星巴克每一季計算同店銷售時都使用不同的計算範圍：幾乎是無法比較的指標。如果星巴克一直買下最強健的加盟商，這樣的併購活動就會對同店銷售數字表現產生正面的影響，因此誤導投資人公司實際銷售成長的情況。

就像第 13 章討論，將同店銷售與每個商店的平均營收拿來比較是確認同店銷售指標不自然改變非常有用的方法。2006 年，星巴克同店銷售趨勢開始偏離每家商店營收的趨勢。這個數字的差距在 2007 年擴大，而且在 2007 年 9 月，星巴克的財報指出美國的商店交易出現有史以來第一次下降。當 12 月美國的同店銷售轉為負數時，星巴克宣布不再揭露同店銷售數字，並指出「這不是呈現公司業績表現的有效指標」。

▌尋求與競爭產品公司進行併購

有時為了減少競爭產品，一家公司會併購競爭對手，而且把被併購目標公司的客戶移轉到併購公司的平台上。這可能是一個很好的企業策略，但可能會破壞自然成長指標。具體來說，3D 列印製造商 3D 系統公司（3D Systems）在 2012 年併購競爭對手 Z 公司（Z-Corp），而且很快宣布將終止生產 Z 公司的一些產品。Z 公司的營收在併購後自然會下降，而 3D 系統公司的財報則出現強勁的自然成長。3D 系統公司從傳統 Z 公司客戶所帶來的任何營收成長都不應該被視為自然成長。

強調誇大的營收

併購公司通常會產生與交易相關的大量成本（法律、投資銀行、整合等成本），而且有很多空間會把這些成本歸類為一次性的本質，並隔離在間接成本下。也就是說，管理階層可能會指引投資人忽略這樣的成本，而只考慮正常的經常性經營成本。理論上來說，忽略一次性成本聽起來是很明智的做法，因為從定義來看，這些成本隔年應該不會出現。

但是對於不停併購的公司來說，這樣的成本絕對會**經常發生**，而且有個固定的成本結構。此外，進行許多併購交易並產生大量沖銷的公司會越過這眾所周知的界線，而且會將一些正常的經常性營運成本（銷售、研發、行政成本等等）不當的移到非經常性類別的間接成本下。

當一般公認會計原則盈餘嚴重低於「調整後盈餘」時，要抱持懷疑態度

評估非一般公認會計原則指標合法性的一個好原則是與相應的一般公認會計原則指標進行比較。因此，如果這個非一般公認會計原則「調整後盈餘」密切貼近一般公認會計原則下的淨利，我們會認為這個非一般公認會計原則的相同指標是合法的。當

然，如果這個非一般公認會計原則指標持續產生「A+」的結果，而且相應的一般公認會計原則指標產生「D-」的結果，投資人就應該拒絕採用這個非一般公認會計原則指標。

以威朗製藥提出的指標為例，這是在「現金盈餘」指標下強調公司的「出色」表現。威朗製藥基於一般公認會計原則下的 4 年（2013-2016）淨利是**負** 27 億美元，但是公司誇大的提到累積的非一般公認會計原則「現金盈餘」為**正** 96 億美元，差異驚人的超過 120 億美元。由於非一般公認會計原則指標的數字落後相應的一般公認會計原則指標那麼多（而且一個是獲利，另一個是虧損），投資人應該拒絕這個有嚴重誤導性的非一般公認會計原則指標。

在圖 17-1 中，我們呈現威朗製藥在 2013 年至 2016 年 16 季財報中的一般公認會計原則獲利與非一般公認會計原則獲利數字。請注意，在大多數的季度中，一般公認會計原則為基準的淨利不是負數，就是非常接近 0。不過在 2014 年第四季有個例外，一般公認會計原則下的淨利接近 5 億美元，顯示在圖上中間最高的那根柱子。但是這個數字有個很大的星號，因為它包括出售另一項業務（艾爾建公司〔Allergan〕）的一次性稅前淨利 2.87 億美元。顯然，威朗製藥的淨利本質上應該被視為是一次性利益，因此一般公認會計原則和非一般公認會計原則盈餘之間的差距甚至大到超過 120 億美元。

圖 17-1　威朗製藥 2013-2016 年各季的淨利與現金盈餘

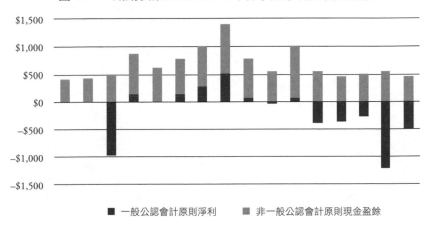

■ 一般公認會計原則淨利　　　■ 非一般公認會計原則現金盈餘

> **TIP**　當管理階層提供的非一般公認會計原則指標總是比相應的
> 一般公認會計原則指標好很多時，要更加懷疑。

────────── 展望未來 ──────────

　　第六部有兩章，把所有內容集合在一起。第十八章介紹三大
知名公司的破產情況，每家公司都使用各種舞弊手法來愚弄投資
人。第十九章討論鑑識心態的主要關鍵，並提供 10 個重點教訓，
幫助你成為更好的投資人。

PART 6

彙整

恭喜你，你已經爬過第四座、也是最後一個財務舞弊高山。
在第十八章，我們研究三個近期因為財務舞弊而破產的大公司。
然後在最後一章〈鑑識的心態〉中要反思在瀏覽財報時要記住最
重要的主題與問題。

第十八章

企業崩壞

　　到目前為止，《財報詭計》主要專注在描述各種會計舞弊，以及投資人如何發覺這些手法。使用這些花招來隱瞞事業問題的公司有時會出現驚人的崩解，造成投資人龐大的損失。我們把這樣的崩解稱為企業崩壞（unraveling）。

　　這章要介紹三家使用各種舞弊手法來對投資人隱藏事業問題、但最終因為會計醜聞的揭露而崩解的公司。前兩家公司有長期成功的歷史（赫茲環球控股公司〔Hertz Global Holdings〕和東芝〔Toshiba Corporation〕）。第三家公司相對較新，但是在不到十年間出現驚人的起伏（威朗製藥）。

赫茲環球控股公司

▌背景與歷史

　　1918 年成立的赫茲公司 100 年來一直是汽車租賃產業的領導者。多年來，它一直由大型上市公司擁有，從美國無線電公司（RCA）、聯合航空控股公司，到 2005 年底的福特汽車公司（Ford Motor Company）。2005 年 6 月，福特宣布計畫透過首次公開發行來分拆赫茲公司，但幾個月後，三個私募基金公司（凱雷集團〔Carlyle〕克萊頓〔Clayton Dubilier & Rice〕和美林私募股權公司〔Merrill Lynch Private Equity〕）提出買下整家公司的合約。2005 年 12 月，這三家公司以高槓桿的交易方式用 150 億美元買下赫茲。接著故事快轉，這三家公司甚至在七個月後就讓赫茲上市，在 2016 年 11 月讓公司公開市場發行。在公開發行前的「最後一搏」，私募基金公司的發起人獲得一筆 10 億美元的貸款，來付給自己相同數量的特別股息。在赫茲公開發行過後，這三家公司繼續持有赫茲的控股權。

▌上市的日子

　　赫茲公司在 2008 年金融危機中受到嚴重打擊，而且在最黑

暗的日子裡，股價暴跌至 1.56 美元。在隨後的幾年中，公司業務緩慢恢復，營收在 2010 年到 2013 年間每年都在成長。由於公司的經營狀況良好，三家私募基金公司在 2013 年初賣掉剩下的股份。

到了初秋，第一個投資人可能有麻煩的信號在 9 月 23 日出現，長期擔任赫茲財務長的愛麗絲・道格拉斯（Elyse Douglas）因為「個人原因」在一週後離開公司。關於道格拉斯女士的這項決定有些地方似乎很奇怪：那就是離開的**時機**與**理由**。毫無疑問，經驗豐富的高階經理人經常會把職務留給更好的人，甚至花更多時間在家人身上。但是他們幾乎不會只提前一週才發出離開公司的通知。同樣的，在那年年終、財務團隊應該要為會計師準備好年終業績數字，這個時候離開公司是很棘手的時機，特別是提前通知的時間這麼短。隨後又接二連三出現更多警告信號。

當新任財務長湯瑪斯・甘迺迪（Thomas Kennedy）上任時，他一定發現到會計工作一團糟。當赫茲公司在 2014 年 3 月 3 日無法及時提出年報，要求延期交出年報時，這是讓他擔憂的第一個證據。赫茲公司指出財報延誤提供的理由是需要進行特定的調整來更正先前公布的財報，但是公司指出**不會產生重大影響**。的確，赫茲能夠在 3 月 19 日提交 2013 年的年報，但不幸的情況是，年報包含一個名為「錯誤修正」（Correction of Errors）的附注，表明在 2011、2012 和 2013 年的財報中發現大量的錯誤。

當出現會計問題的最初跡象時，不要只是憑管理階層的保證就信以為真。管理階層最初揭露的訊息通常會「美化」問題。

隨著 5 月 13 日宣布遲交另一份財報（2014 年第一季的季報），並揭露下面的訊息，這些警訊變得愈來愈響亮，也愈來愈不祥：

錯誤已經認定為是關於與赫茲對某些特定的非車隊資產、巴西的呆帳準備金，以及其他項目的的資本化和折舊時間的判斷。赫茲公司繼續對這些項目進行檢視，而且最近還發現其他關於損壞車輛的租車客戶義務與租車結束時的恢復義務相關無法回收的準備金數量的額外錯誤。

但令人驚訝的是，僅僅六天之後，赫茲公司就放心的公布 2014 年第一季的財報。但是隨後在 2014 年 6 月 3 日，赫茲再次推翻這份報告，告訴投資人 2011 至 2013 年的財報不再可靠。赫茲也宣布簽證會計師普華永道（PwC）要修改公司的內控報告，而且很可能會在 2013 年 12 月 31 日對赫茲公司的內控報告提出否定意見。

赫茲公司的管理階層或許只是要平息投資人的緊張情緒（可以理解他們非常擔心），他們公布一些初步的重編財報資料，

2011 年的稅前獲利減少 1900 萬美元，2012 年減少 900 萬美元。在那時，毫無疑問，一些價值型投資人對於取得赫茲的股份變得很感興趣，因為赫茲看起來很便宜，而且重編的財報**顯然無關緊要**，只比過去三年最初公布的數字低了 1.9%。（只比原本財報 14 億美元的稅前獲利減少 2800 萬美元。）此外，受人尊敬、而且有影響力的投資人卡爾‧伊坎（Carl Icahn）已經買下赫茲 12% 的股份，而且得到董事會三個席位。

　　儘管一些投資人開始以看似便宜的價格買進股票，謹慎的投資人則會擔心最初管理階層對重編財報的估計很可能是錯的，而且可能比原來財報的情況差很多。的確，赫茲公司實際的數字比管理階層一開始的說法差很多，而且**修正**錯誤後的獲利減少並不是原來提到的 2800 萬美元，甚至更糟。

　　投資人心神不寧的等待超過一年才收到更正後的財報。對赫茲來說，這不是好時機，股價繼續重挫，任職很久的董事長兼執行長馬克‧弗拉斯索拉（Mark Frissora）被公司撤職。最後，在 2015 年 7 月，赫茲完成重編財報，提供會計違規的詳細資料。重編財報的稅前盈餘減少 3.49 億美元，其中在 2011 年至 2013 年減少 2.35 億美元。

　　重編的財報顯示，赫茲使用各種會計造假來掩蓋不斷惡化的本業。赫茲使用的大多數舞弊手法都符合以下三項操弄盈餘舞弊手法：（1）操弄盈餘舞弊手法 1：提前認列營收；（2）操弄盈餘

舞弊手法 4：將目前產生的費用移到後期，或是（3）操弄盈餘舞弊手法 5：利用其他技巧來隱藏費用或損失。你應該還記得，當管理階層使用操弄盈餘舞弊手法 1 時，營收會誇大，而且當公司使用操弄盈餘舞弊手法 4 或 5 時，費用會減少。不過不管是哪種情況，獲利都會被誇大。

　　隨著持久性的業務問題壓低營收和獲利，即使大幅度的重編財報之後，赫茲的崩壞還在持續。重編財報提供投資人這項事業全新的面貌。在多年分析錯誤數字之後，投資人現在能夠看到赫茲真實的經濟情況。而且他們在看到這些東西時變得很震驚。赫茲的股價持續下跌，而且到了 2016 年 2 月，股價已經比一年半前的高點下降將近 75％。

> **TIP** 當一家公司正在更正過去的會計錯誤時，精明的投資人會避開這家公司，直到他們有機會分析這家公司的真實表現。更正後的數字和本業的表現很有可能會比預期差。

東芝

▎背景和歷史

　　東芝的歷史可以追溯到 1875 年成立的田中工程公司（Tanaka

Engineering）。透過早期的一次合併，公司在 1939 年改名為東芝。成長為一個讓人印象深刻的企業集團，跨足多項事業，包括能源與基礎設施、社區解決方案（電梯、照明和空氣調節系統）、醫療保健服務、生活用品與服務，以及其他業務。東芝合併超過 600 家子公司，2017 年會計年度產生的銷售金額超過 440 億美元。

▌ 近期的問題與會計手法

對東芝來說，2015 年是一場惡夢，因為長期的會計醜聞新聞使股價砍了一半。2015 年 4 月 3 日，公司宣布要召集一個「特殊調查委員會」，來對某些會計科目進行內部調查，這是天上掉下來的第一個災難。特別的是，調查集中在公司過去在基礎建設合約上使用完工比例法來認列營收。這是讓人難以置信的驚人公告，但是市場反應只表現出輕微的擔憂。股價從 512 日圓跌到 487 日圓，下跌 5%，而且到月底實際上還開始反彈。

精明的投資人會將這項宣告視為主要的警訊。對於內部會計調查的新聞，尤其是關注在營收認列的調查，絕對不能掉以輕心。這顯示有會計問題存在，而且很可能很嚴重。儘管問題的規模和嚴重性並不確定，但最好明智的假定這些問題比想像的情況還遭。投資人與其期望有最好的結果，不如坐在一旁觀望更好。

就像我們剛從赫茲公司學到的情況，管理階層往往會在最初揭露的會計問題上裹上糖衣。開始內部調查很可能意味著會有更多的壞消息。如果要調查的會計問題較小，那不需要大張旗鼓的調查都可以解決。

2015 年 5 月 8 日，在特別委員會成立一個月後，東芝揭露營收認列問題比原先認為的更加嚴重。在考量情勢的嚴重性下，東芝將委員會成員改為只由「對公司沒有任何利益的公正、公平外部專家」所組成。這個讓人不安的消息讓股價又下跌 17%，達到 403 日圓。

到了 2015 年 7 月 20 日，東芝調查委員會公布初步調查結果，震驚投資人：東芝被迫調降先前的財報獲利，溯及至七年前的 2008 年會計年度，總共減少 12 億美元（1520 億日圓）的驚人數字。隔天，公司董事長田中久雄引咎辭職，因為他稱這起醜聞是「公司 140 年歷史以來對品牌損害最大的事件」。

東芝的股價持續下探，到了 9 月，委員會公布完整報告，結算數字甚至比初步報告還糟。令人驚訝的是，2008 年至 2014 年每年的獲利數字全都需要調整，這段期間橫跨 3 任獨立執行長的任期。多提報的稅前獲利總共將近 19 億美元（2250 億日圓）。2011 年和 2012 年的財報重編數字差距最大，而且最主要的數字與（1）藉由不當的利用完工比例法誇大營收、（2）在個人電腦事業上塞貨給通路，以及（3）沒有認列減記與折舊費用有關。

到了 2015 年 12 月，東芝的股價跌到 215 日圓，比 2015 年 3 月的高點下跌 60％。

威朗製藥

▍背景與歷史

　　雖然威朗製藥在 1960 年成立，公司的大幅起落卻從 2007 年開始，當時，威朗製藥聘請管理顧問公司麥肯錫（McKinsey & Company）來幫忙推動業務成長。由麥可・皮爾森領導的麥肯錫團隊提出一項積極的戰略：削減內部研發費用，並透過併購與股價上漲來推動成長。顯然，皮爾森給威朗製藥的董事會留下深刻印象，在 2008 年初被聘為公司執行長。在接下來 7 年中，威朗製藥進行數十次的併購，承擔大量債務來為這些併購交易融資。這段時間，威朗製藥的核心業務只有溫和的自然成長，而且公司定期公布的一般公認會計原則淨利也呈現**虧損**。但是威朗製藥使用各種誤導性的非一般公認會計原則指標來說服投資人，皮爾森的策略進展順利。

　　與更為臭名昭彰的會計詐欺不同，威朗製藥的故事實際上是一個相對小的公司故事，這家公司 10 年前曾有宏大的夢想，打算成為美國前五大製藥公司。而且皮爾森計畫的做法非常不合常

理，它迴避製藥業裡常見的藥物開發和其他研發費用，而是仰賴買進擁有成熟藥物與現有顧客的老牌公司。一旦成為威朗製藥藥物投資組合的一部分，接著公司就會大幅提高價格，作為銷售成長的額外驅動力。投資人對此感到振奮，而皮爾森則看到個人持股的價值在 2015 年夏天達到驚人的 30 億美元。當股價在 2015 年 8 月達到高峰時，威朗製藥的市值高達 900 億美元（從皮爾森在 2008 年 2 月成為執行長以來攀升到幾乎難以想像的水準）。到了 2017 年春天，威朗製藥的市值暴跌至 30 億美元左右，870 億美元的股票價值蒸發。

當市值開始崩解的時候，許多投資人措手不及，警告訊號遍布各處。或許最明顯的情況是，為了執行公司的戰略，威朗製藥必須確保可以持續提供以合理價格來併購的誘人標的。此外，交易的數量每年必須擴大，在公司增加營收的基礎下提供有意義的成長。在最好的情況下，這還是不可持續的策略，然而，威朗製藥不尋常的選擇併購目標，使得透過併購來產生永久成長的可能性更低。

與百歐菲爾公司合併

2010 年，在前幾次提案無法達成完美的交易之後，威朗製藥和總部位在加拿大的百歐菲爾公司同意合併，使總部位於美國的

威朗製藥能以 5％這個非常低的加拿大稅率來繳稅（而不是美國 35％的稅率），而且公司把總部遷到加拿大的魁北克。

百歐菲爾公司是由歐仁·梅爾尼克（Eugene Melnyk）創立。百歐菲爾和梅爾尼克身上都有監理機關和法院提告的訴訟。舉例來說，2008 年 3 月，美國證券交易委員會起訴百歐菲爾公司與一些前任高層，指控他們「**執著在滿足該季營收目標，一再高估營收並隱瞞虧損，藉此欺騙投資人，並創造達到獲利目標的假象**」。百歐菲爾付出 1000 萬美元和解，不過問題還是持續，而且到了 2009 年 2 月，百歐菲爾在公司代表承認財報假造並從事非法行為後，與安大略證券委員會（Ontario Securities Commission）和解。梅爾尼克隨後被禁止擔任加拿大上市公司主管五年，而且被加拿大主管機關罰款 56 萬 5000 美元。他還與美國證券交易委員會和解，同意付出超過 100 萬美元的罰款。

危險信號

　　威朗製藥 2010 年 9 月完成併購交易前，肯定知道百歐菲爾公司的悠久歷史，當時它仍然有時間離開。不幸的是，當管理階層不斷以併購交易來驅動成長（並提高股價）時，管理階層可能會忽略「瑣碎的細節」，像是百歐菲爾不道德的文化和違法行為的歷史。但是思慮周全的投資人永遠不該忽視擁有不道德商業或財報實務文化的公司。

同樣的，就像第十一章的討論，百歐菲爾公司（在被威朗製藥）藉由非現金交易取得某些藥物的權利，藉此誇大營業活動現金流。具體來說，百歐菲爾公司不會在取得藥物權利時支付現金，而是藉由發行票據，尤其是長期借據，**在未來**支付現金，藉此補償賣方。因為在銷售時沒有現金交易，就不會影響現金流量表。而且隨著時間經過付清票據，百歐菲爾付出的現金就會在現金流量表以償還債務的形式呈現，也就是列為融資活動的現金流出。因此，使用這種巧妙的兩步驟技巧，為了取得藥物權利而正常減少的營業活動現金流出，就會變成融資活動的現金流出，因而誇大百歐菲爾公司的營業活動現金流。

　　果不其然，不了解或不關心百歐菲爾歷史的投資人對於這項併購消息感到高興，因為公司的股價飆升，而且在併購交易幾個月後持續上漲。

▋ 併購梅迪奇製藥

　　併購百歐菲爾公司兩年後，2012 年 12 月，威朗製藥完成下一個重要併購。就像百歐菲爾公司一樣，梅迪奇製藥也有知名的會計問題史，特別是藉由不當的認列銷售收益而誇大營收。公司已經受到懲罰，而且簽證的安永會計師事務所被指控進行無效的審計，沒有發現並糾正這些問題。在併購前的這段時間裡，梅迪

奇製藥的銷售放緩,似乎是為了能在威朗製藥入主後認列,並有助於顯示出額外的成長。就像第三章詳盡的說明,威朗製藥接著更改梅迪奇製藥的會計政策,在銷售過程更早期認列更多營收,進一步增加提報的銷售金額。

除了這些會計問題外,還出現幾個警告信號,包括:(1)前梅迪奇製藥執行長喬納‧沙克尼(Jonah Shacknai)抱怨與威朗製藥高階主管明顯不合,以及團隊士氣低落,還有(2)威朗製藥宣布因為公司決定解雇梅迪奇製藥部門的數百名銷售人員而註銷1億美元的費用。

▌併購博士倫

2013年初,在梅迪奇製藥完成併購交易才幾個月後,麥可‧皮爾森準備進行一個更大的交易。當私募股權公司華平投資(Warburg Pincus)向美國證券交易委員會提交註冊文件,要讓博士倫(Bausch & Lomb)上市時,一個有趣的機會出現了。皮爾森抓住這次徹底買下博士倫的機會,使華平投資決定停止讓博士倫上市,將公司賣給威朗製藥。威朗製藥遵循已經成形的模式,博士倫近期也出現嚴重的會計醜聞。

當威朗製藥提出買下博士倫的消息傳出時,投資人頭昏眼花,因為威朗製藥的股價兩天就飆升20%以上,交易量超過正常

交易量的 15 倍。華平投資在 2007 年藉由融資併購取得博士倫控股權時，股票市值抬高到 17 億美元。因此當威朗製藥提出用 87 億美元併購公司時，對華平投資和其有限合夥人而言是一筆意外之財。但對威朗製藥的投資人而言明顯不是很好的併購交易，因為這家企業的成長乏力、獲利能力不佳，而且負債累累。然而，專注在非一般公認會計原則的指標情況下，皮爾森讓股東和股價都振奮起來。

▶ 私募股權公司賣出公司的疑慮

就像你現在看到的情況，我們並不是併購驅動法的忠實擁護者，因為有太多情況可能會出錯（而且往往會出錯）。但是當賣方已經是長期老闆（而且理想上是創辦人）時，我們可以鬆一口氣，知道公司可能是經由精心打造，有堅強的基礎，而且往往想要達到基業長青的目標。

當賣方眼光短淺，像是以融資買進公司時，事情就會變得更加複雜。這些公司的目標是藉由併購翻身，並讓自己的利益達到最大，進而讓自己和有限合夥人受益。他們往往會這樣做：（1）用很少的股權來投資，而且使用債務來投資；（2）付給自己特別股股息，即使這意味著會使投資公司在資產負債表上承擔更多債務；（3）藉著增加更多債務來進一步併購；以及（4）削減諸如研發費用等「自由裁量的」成本（"discretionary" costs），這可能對短期盈餘有益，但會使長期成功變得更不確定。

在華平投資管理博士倫期間，博士倫的大量借款使公司負擔龐大融資。在威朗製藥併購博士倫兩個月前的 2013 年 8 月，勤奮的分析師可能會震驚的發現，債務水準已經激增到 42 億美元，在過去六個月增加 26％。在這段期間，股東權益從大約 8 億美元大降到只有 840 萬美元，而且營運現金流從 2012 年同期**正** 7880萬美元下降到 2013 年的**負** 1 億 1450 萬美元。顯然，突然的債務暴增與現金流的大幅下降，應該會讓任何潛在的審慎併購者暫停併購行動。當然，威朗製藥肯定不會被視為是審慎的併購者，而且它還**必須**持續進行併購，製造成功公司的幻象。

▊ 敵意併購失敗讓投資人嘗到苦頭

除了已經完成的併購以外，威朗製藥還面臨幾次失敗的活動，這些事件損害公司，而且或許是讓公司加快走向崩解的原因。

2011 年，威朗製藥出價 57 億美元，積極想要取得美國生物製藥公司塞法隆。當時塞法隆反對說：「沒有興趣。」結果威朗製藥變得更加積極，威脅要進塞法隆董事會，還提名自己為董事會成員。

　　到了 2014 年，公司進行第二次、而且更具針對性的敵意併購，包括讓艾爾建公司和激進的避險基金經理人比爾・艾克曼（Bill Ackman）參與其中。

▌ 六個月改變威朗製藥的一切，而且變得更糟

　　在多年成功保持低調之後，到了 2014 年，威朗製藥成為家喻戶曉的名字，而且不斷發現自己成為財經媒體和主流媒體報導的主題。這家公司與比爾・艾克曼形成一種非傳統的「夥伴關係」，以便進行另一次敵意併購，而且現在最大的目標是艾爾建公司。艾克曼的基金潘興廣場資本管理公司（Pershing Square Capital）累積艾爾建公司的大量股權，而且利用影響力試著說服

被併購目標公司的董事會和法人同意威朗製藥的併購要求。艾克曼甚至為這項併購自行發起公開行銷活動，來幫助併購順利進行。隨著情況繼續發展，愈來愈多媒體開始質疑艾克曼合夥公司的道德問題，以及這樣做是否違反內線交易，而且隨之而來的是帶來訴訟。2017 年 12 月底，與艾爾建公司的訴訟以和解收場，要求艾克曼的潘興廣場資本避險基金支付 1.94 億美元，而威朗製藥額外支付 9600 萬美元，但需要法院批准。這種負面的關注，加上已經有爭議的敵意行動，開始讓威朗製藥不惜一切代價進行大規模併購。

當艾爾建公司最後拒絕威朗製藥的最終報價（大多數是提供股票）時，情況變得更糟了。這引發對威朗製藥非傳統商業模式的根本質疑。在爭奪艾爾建公司的六個月中，威朗製藥的股價上漲動能不只止步不前，而且更重要的是，對於公司聲譽、不尋常的商業模式，以及積極的會計實務不滿聲音愈來愈大。而且一年前很少注意威朗製藥的記者開始調查公司的經營手法，希望查出更大的消息。

▌併購希利斯製藥，
▌這是威朗製藥最大且最有問題的併購

威朗製藥因為 2014 年敵意併購艾爾建公司失敗而傷痕累累，

但是最終在 2015 年初找到另一個大目標，而且在 4 月 1 日併購希利斯製藥公司。毫不奇怪，這是另一家出問題的公司，剛才經歷一項重大的會計醜聞。

希利斯製藥公司在 1989 年成立，近年來總部位於北卡羅萊納州的羅里市（Raleigh）。公司開發與銷售用於預防與治療腸胃道疾病的藥物與醫療設備。對希利斯製藥來說，2014 年都在忙著併購，從 1 月以 26 億美元併購桑塔羅斯公司（Santarus）開始，在這一年的大多數時間中，希利斯製藥與多家潛在收購者溝通，想要賣掉自己，但秋天公司的會計問題被揭露時，談判陷入停頓。公司在那年的年底顯然動盪不已，希利斯製藥的執行長和財務長都籠罩在烏雲下，而這時新的潛在收購者（威朗製藥）加入競標。

從 2014 年 12 月 7 日開始，希利斯製藥面臨三項集體訴訟，被指控會計詐欺。公司已經重新編製 2013 年審計過的財報，以及 2014 年前三季還沒審計過的季報。很顯然，公司以快速而寬鬆認列的會計手法來美化銷售數字，因為某些奇怪的原因，威朗製藥似乎不太關心這些積極的會計實務。

讓我們在這時思考一下。當併購者可能要承擔被併購公司潛在龐大的法律責任時，為什麼會有人有興趣買進這家公司？即使你可以對暴露的法律風險感到放心，對道德敗壞日益嚴重的公司文化與也該感到擔憂。把希利斯製藥的法律風險與文化／道德問

題擺在一邊，你還是不知道公司真正的健康狀況與業績表現，因為這些**數字都被做過手腳**。

▌其他人雖然看了一下，但都走開了

在威朗製藥與希利斯製藥完成併購的六個月前左右，其他幾個有意收購者都對希利斯製藥嗤之以鼻，只有一個收購者提出收購邀約。直到會計問題眾所周知。諷刺的是，艾爾建公司也提出要用現金以每股 205 美元的價格、總價 130 億美元來收購希利斯製藥。但是當公司的管理階層在 2014 年 10 月發現有公司嚴重的會計問題時，艾爾建公司撤回報價，離開談判桌。

會計問題的惡果導致執行長卡洛琳・羅根（Carolyn Logan）和財務長亞當・德比夏（Adam Derbyshire）丟掉工作，當詐欺被發現時，股東價值縮水 35％。

2015 年 4 月 1 日，皮爾森在沒有考慮這些問題下完成這筆110 億美元的交易，而且就像先前的併購案一樣，這項消息受到投資人的歡迎，而且威朗製藥的股價再次飆升。

▌重編財報，以及會計師警告有內控缺失

2015 年 3 月 2 日，也就是威朗製藥完成併購交易幾乎前一個

月，希利斯製藥交出 2014 年的年報，以及 2013 年和 2014 年前三季各季的重編財報。財報文件中包括會計師對於希利斯製藥的內控評估：

管理階層認定的內控重大缺失包括在產品退貨，以及貿易人員在貿易關係與會計／財務之間溝通退貨的內控上；以目的地交貨條件下認列對客戶銷售的營收內控上；在遵守獲取、評估、審查和批准與客戶間協議的既定政策與程序的內控上，以及在合併財報中的餘額分類的內控上。

翻譯成白話文就是：確保準確記錄財報的內控很糟，還有很多事情都出錯。的確，他們都是這樣。在 2013 年第四季，希利斯製藥不當的認列原來應該認列在 2014 年第一季的銷售金額 1440 萬美元。此外，由於公司低估「退貨準備金」，原本應該認列 1690 萬美元，但卻提報 870 萬美元，再次誇大銷售金額，使得第一季獲利被誇大。2014 年第二季，希利斯製藥向批發商（也就是客戶）支付可疑的 750 萬美元費用，而且將這筆費用視為是行銷費用，而不是總營收的減少。然後在 2014 年第三季，希利斯製藥在達成合併交易前，只有在第一季「擠出」營收，因此，公司試著公布銷售金額 1520 萬美元來把握這個機會，實際上這屬於第四季的銷售金額。同樣的，這些資訊似乎都沒有壓抑威朗製藥完成合併交易的渴望。

威朗製藥的吹噓破滅

當威朗製藥在 2015 年 2 月宣布要併購希利斯製藥時,投資人歡欣鼓舞。股價在那天立刻跳升超過 25 美元,從 173 美元上升到 199 美元。在接下來的五個月中,威朗製藥的股價持續直線上漲,在 8 月 5 日創下歷史新高 263 美元,公司市值達到 900 億美元。隨著每次的併購,公司一般公認會計原則下的虧損就會加劇,但是管理階層關注的獲利指標「現金盈餘」還在複利成長。

到 8 月下旬,這種趨勢開始轉向反對威朗製藥,因為好幾家製藥公司被公開指控涉嫌價格詐欺。隔一個月,民主黨總統候選人希拉蕊用不吉利的推文嚇唬製藥業:「像特殊藥品市場這樣的價格詐欺實在無恥。明天我要制定一項計畫來遏止這個歪風。」結果,投資人開始擔心政府會大幅打擊製藥公司的訂價策略,並壓低公司的獲利。希拉蕊的推文使威朗製藥的股價拉回到 229 美元(圖 18-1)。

在接下來三個月中,威朗製藥的宏偉目標受到挑戰,而且四面八方都有批評的聲音。到了十月,一群調查記者刊出一篇爆料文章,揭露威朗製藥與一個名為菲利多爾公司(Philidor Rx)的郵購藥妝店有可疑的詐欺關係。威朗製藥股價跳空下跌,到 11 月下旬跌到 90 美元以下。很多認為股票拋售過度的「信徒」試圖在「市場悲觀的」狀況下快速賺錢,但是只成功抓住一把落下

圖 18-1　2008 年 2 月 1 日至 2016 年 12 月 31 日威朗製藥的股價

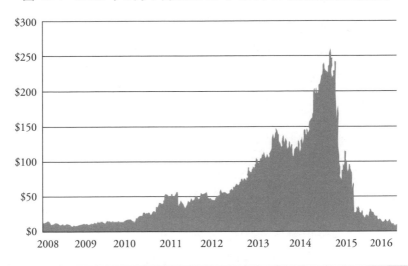

日期	市值 （百萬美元）	股價 （美元）	事件
2008 年 2 月 1 日	2,132	13.24	皮爾森成為執行長
2010 年 9 月 30 日	7,395	25.05	完成併購百歐菲爾
2012 年 12 月 11 日	17,654	59.23	完成併購梅迪奇製藥
2013 年 8 月 7 日	32,549	97.59	完成併購博士倫
2014 年 4 月 24 日	44,833	134.42	艾克曼擁有艾爾建公司股票的消息曝光
2015 年 4 月 1 日	67,903	197.39	完成併購希利斯製藥
2015 年 8 月 5 日	89,989	262.52	威朗製藥的股價／市值創新高
2015 年 9 月 21 日	78,498	229.00	希拉蕊發出製藥業價格詐欺的推文
2015 年 10 月 19 日	57,074	163.83	與菲利多爾的報導曝光
2015 年 10 月 30 日	32,172	93.77	威朗製藥宣布要與菲利多爾斷絕關係
2016 年 2 月 29 日	22,450	65.80	威朗製藥宣布公司正接受美國證券交易委員會的調查
2016 年 3 月 15 日	11,433	33.51	威朗製藥下調營收預估，並延後提交財報
2016 年 3 月 21 日	9,888	28.98	皮爾森從執行長職務下台
2017 年 3 月 13 日	4,212	12.11	艾克曼賣掉威朗製藥的投資部位
2017 年 4 月 12 日	3,298	8.51	股價至高點下降 96%

的刀子。

2016 年 3 月，皮爾森被廢除執行長職務，而且董事會指控前財務長（以及現任董事會成員）霍華・席勒（Howard Schiller）從事「不當行為」。美國證券交易委員會調查公司的詐欺行為，而投資人持續失去信心。隨著威朗製藥的事業分崩離析，而且糟糕的併購所產生的所有債務又使公司陷入困境，公司在 2016 年全年和 2017 年初加速拆解。到了 2017 年 4 月，由於前任高階經理人因為詐欺行為受到刑事調查，威朗製藥的股價暴跌到 9 美元以下，比 2015 年夏天的高峰驚人的下跌 96％。

▍ 威朗製藥公司的重要教訓

威朗製藥註定要倒閉，因為公司的財務高層錯誤的描繪出一家快速成長、繁榮發展的公司，而實際上，公司的數字受到會計造假所美化。精明的投資人了解到，儘管不可能明確知道什麼時間公司會加速崩解，但是他們知道不管氣球膨脹得多大，股價下跌是不可避免的。希拉蕊的推文和菲利多爾的調查結果是引發公司崩解的煽動性事件。儘管沒有辦法預期這些特殊事件是否會是「壓垮駱駝的最後一根稻草」，不過如果沒有這些事件，肯定會有其他事件最終會使威朗製藥崩解。

展望未來

在最後一章，我們會集結本書提到的很多教訓（以及我們 25 年來的經驗），並提供 10 個最重要的教訓，幫助你檢測出舞弊手法，並顯著提高投資績效。

第十九章
鑑識的心態

　　自從出版《財報詭計》第一版 25 年以來，我們發現公司財報中隱藏很多會計造假，而且把我們的分析分享給成千上萬的專業人士與學生。在討論我們的發現（而且導致他們的原因）時，經常有人會問我們，當其他人在評估相同的文件卻無法察覺舞弊時，我們如何發現這些蹊蹺。是我們比其他分析師更努力工作，或是更聰明工作嗎？我們認為不是這樣。相反的，我們相信我們的成功來自於一種截然不同的思維模式：那就是鑑識心態。這種方法融合懷疑、好奇與謙卑的特質，而且將這些特質與對人類行為和公平競爭原則的深刻理解結合起來。

　　在接下來幾頁中，我們總結鑑識心態的關鍵要素，讓你專注在關鍵議題與問題，並幫助你檢測出財報裡的會計造假與詐欺行為。

> ▶ 應用鑑識心態
>
> 1. 懷疑是一種競爭優勢
> 2. 密切注意變化：總是要問「為什麼？」，以及「為什麼是現在？」
> 3. 回顧過去的「會計問題」，看看是否隱含企業經營問題。
> 4. 注意企業文化，並留意不良行為產生的地方。
> 5. 不要盲目的採用公司的獲利能力架構。
> 6. 激勵很重要：留意高階經理人的紅利計算方式。
> 7. 即使在揭露的財務資料中，也要注意位置、位置、位置。
> 8. 就像打高爾夫球一樣，每次擊球都很重要。
> 9. 行為的模式提供一種可靠的信號。
> 10. 謙虛並充滿好奇心，永遠不要停止學習。

1. 懷疑是一種競爭優勢

　　在許多方面，資本市場是設計來傳播好消息。股價上漲時，買方與賣方的金融服務公司，以及公司發行人本身通常會賺很多錢。公司發行人受到激勵，宣布好消息，賣方公司散播這樣的消息，而且投資人相信這個消息。這種動態是偶爾造成資產泡沫和繁榮／蕭條週期的一部分。儘管群眾對此發出迴想，而且相互激發興奮之意，不過只有能保持客觀和懷疑態度的投資人有可能從明顯的現實情況中獲利。

　　從 1995 年至 2000 年，安隆公司的營收從不到 100 億美元成

長到超過 1000 億美元，過去沒有一家美國公司可以如此迅速的達成這個創舉。管理階層已經成為商業上一些最聰明的人的崇拜對象。然而，安隆公司在一個成熟且高度管制的產業裡經營，幾乎沒有產生任何會計上的收益或現金流。少數注意並質疑這種不太可能產生這種銷售成長方式的人，才能夠看出這家企業只是個紙牌屋。

2. 密切注意變化：總是要問「為什麼？」，以及「為什麼是現在？」

本書強調的很多見解來自於注意到一些重要的變化（會計實務、政策揭露、資產負債表趨勢、關鍵指標、客戶付款條件、高階經理人離職、會計師更換等的改變）。在大多數涉及改變的例子中，管理階層都戴著美好的眼鏡，夢想著討人喜歡和似乎看來合理的解釋，來說服投資人不要擔憂。然而，我們常常發現這些解釋無關緊要、陳腔濫調，或是離題不重要。舉例來說，會計政策的改變往往會歸咎於人們希望依循同行的做法，較高的存貨會被解釋成要在銷售前製造產品，而且高階經理人離職會被解釋成他們希望花更多時間在家人身上等等。詢問「為什麼」會出現這種改變是個重要的問題，但是更具洞察力的問題是：「為什麼是現在？」是什麼東西促使在這個特定的時間點更改？問「為什麼

是現在？」往往會帶領投資人去更深入探究，若沒有這樣的改變會產生什麼結果。

第三章我們討論日本半導體製造商真空技術集團的營收認列出現非常重大的改變。公司選擇開始使用完工比例法的會計實務是一個不尋常而積極的舉動；然而，「為什麼是現在？」的因素是解釋這項變更如此強大的原因。如果不進行會計實務的改變，財報會顯示真空技術集團的事業實際上正在崩解，而不是如財報數字的誤導顯示事業有所改善。

3. 回顧過去的「會計問題」， 看看是否隱含企業經營問題

當一家公司出現使用不當的會計實務問題時，投資人往往會單純視這些問題為「會計問題」，（通常會在四大會計師事務所的幫助下）必須進行調查，最終加以糾正。財經媒體透過關注已違反規定的技術問題、違反規定的重要性與組織裡該由誰負責來強調這點。儘管這些都是重要問題，但是我們認為對投資人而言，更重要的是專注在下面這個問題上：「這個不正確的會計實務在多大程度上隱藏企業的問題？」

當赫茲租車宣布要重編前幾年的財報來糾正不當的會計做法時，媒體問了這個可預測的問題：問題的本質是什麼？誰該負

責？這在投資人間塑造的普遍討論是公司的「會計問題所產生的不良影響」。很少有人關注赫茲公司為什麼會快速而鬆散的進行會計核算，以及這對企業真正的健全狀況意味著什麼事情。結果，當重編財報最後塵埃落定時，投資人很訝異企業的獲利大大低於先前的理解。

4. 注意企業文化，並留意不良行為產生的地方

本書描述的舞弊手法並不代表正常公司的行為，相反的，它們反映出過於積極與不誠實的高階經理人所做的異常行為。這通常不只是不良行為人單獨做出的選擇，還是環境和背景使這些選擇更有可能產生的結果。就像我們在第二章討論，公司的某些特徵為不良行為提供溫床。制衡能力薄弱、專制的執行長、以及不惜一切代價達成目標的文化，這些都是增加舞弊風險的因素。

奎斯特通訊公司前執行長喬伊·納奇歐指示他的團隊由上到下不計一切代價要贏的文化，就是一個典型的例子：「我們要做的最重要的事情是達到我們的目標數字，這比任何產品都更加重要……當我們沒有製造這些數字時，就會停止做其他事情。」這個文化促使奎斯特通訊公司的員工在必須達到數字目標時偷工減料，甚至公然詐欺。

5. 不要盲目的採用公司的獲利能力架構

在新聞稿、財報電話會議和投資人的演講中，公司高階經理人經常會利用機會來以最令人印象深刻與引人入勝的角度來報告業績。除了報告必備的一般公認會計原則獲利之外，管理階層往往會討論一些非一般公認會計原則的指標，像是「稅前息前折舊攤銷前獲利」、「基本業務獲利」、「調整後盈餘」，或是其它很多變化的指標。在某些情況下，這些替代指標提供基於一般公認會計原則數字上寶貴的補充資訊，但是在很多情況下，它們忽略企業成本結構的重要面向。即使某些指標已經成為產業標準，投資人還是必須考慮它們實際上反映出企業整體經濟狀況的程度。

舉例來說，林能源公司為了證明不斷增加的股息支付是合理的，要投資人關注在「可分配現金流」上。這個指標基於管理階層對「成長導向的」資本支出與其他被認為是「維護導向」的資本支出之間的模糊區分。在很多情況下，這樣的區分是任意或有意被誤導的，導致管理階層誇大呈現出的重要數字。

在評估非一般公認會計原則的獲利指標時，我們建議停止考慮這項指標要回答什麼問題，然後評估這個問題本身是否值得去評估。在林能源公司的可分配現金流來說，這個指標似乎可以回答的問題是：「除了管理階層認為與擴張活動有關的支出以外，公司資產產生的現金流有多少？」說明這個問題之後，很顯然這

並不是一個很有效益的問題，因為管理階層完全是主觀來按類別評估資本支出（成長或維持資本），而且在很多情況下，這並不是很有意義的區隔。

6. 激勵很重要，但留意高階經理人的
紅利計算方式

紅利獎金專家擁護（而且被投資人接受）的傳統觀點認為，管理階層的紅利獎金應該直接與業績掛勾。平庸的表現應該提供平庸的紅利獎金（或不發獎金），而出色的業績應該得到豐厚的獎金。自然，績效是相對既定目標來衡量。請密切注意這些目標，因為他們不可避免會塑造出管理階層的經營策略。

當威朗製藥的董事會設定執行長的激勵獎金計畫時，指定最重要的財務績效指標是「每股現金收益」。這個指標在計算時排除所有與併購活動相關的費用，包括重組成本、整合成本或價值減記成本，以及與買進資產相關的攤銷費用。根據這些目標，將潛在紅利提高到最大最有效的方法是用現金**以任何價格**進行大型併購，因為這樣做肯定會提高每股現金收益。如果董事會改為根據更具包容性的獲利指標來設定業績目標（像是一般公認會計原則的淨利），公司很可能會採用截然不同的策略。

7. 即使在揭露的財務資料中，
也要注意位置、位置、位置

　　營收公布、年度和年中財報，以及其他監管備查的文件都包含要求揭露與自願公開的內容，包括額外的資訊和評論。自然，公司能夠在營收公布和每季向投資人簡報的時候強調最正向的資訊，這些資訊被廣泛傳播與閱讀，而且必要但不討人喜歡的資訊則在監管備查文件的最後幾頁，很少有投資人會找到。因此，我們總是會完整閱讀這些文件，而且我們懷疑的觸角朝著讀者認為太技術性或無聊的文件章節。當我們在後面的小節（通常是用很小的字體）發現似乎與企業健康相關的資訊時，我們能夠很有把握知道，我們已經發現管理階層試著對投資人隱藏的資訊。這些資訊往往是最有價值的要素。

　　在第七章中，我們討論安德瑪在 2016 年第四季的盈餘異常增加，當時公司將 4800 萬美元的費用（之前認列為紅利獎金）移到損益表。這個舉動人為的降低提報的銷售管理費用，使那季的獲利看起來更加強勁。有趣的是，在公司的年報中，只有在與公司季節性模式完全不相關的表格附注中才提到這樣的移動。顯然，這是管理階層試圖要隱瞞的資訊。

8. 就像打高爾夫球一樣，每次擊球都很重要

　　高爾夫球和其他廣泛流行的運動不一樣。與網球、足球或籃球不同，高爾夫球的每次擊球都很有意義。專業球員在四天的錦標賽中要打 72 洞，而且擊出最少桿的球員才會獲勝。如果你有幾個可怕的漏洞，你也許仍然會贏，但是你的每一擊都會記入最終成績。這也是在一般公認會計原則下會計與財報的工作方式。定期鼓勵投資人忽略特定費用，就像是或忽略現金流出的公司要求「重發球」（mulligan，免費再打一球）一樣，只有在極少數的情況才應該接受這個規則。

　　在第五章中，我們討論這 25 年來惠而浦在報告非一般公認會計原則盈餘時排除年度重組費用，假定這樣的費用並非公司的正常營運費用。同樣的，產品召回費用、訴訟費用、併購整合費用和其他費用都屬於經營的成本。假定它們不是成本的做法，就像是在高爾夫球場上作弊，而且會帶來更糟的後果。

9. 行為模式提供一種可靠的信號

　　我們長期以來一直是諾貝爾獎得主理查・塞勒（Richard Thaler）的粉絲，他是行為金融學的先驅。他開發非常有用的理論，說明為什麼投資人一直做出看似不合理的決策，而且他還提

出避免這些有問題的偏見的方法。

大約在 15 年前，塞勒在芝加哥的一場投資會議上提出他的研究成果之後，霍華緊接著演講。霍華利用塞勒的演講補充說，塞勒的研究成功的描繪出**投資人**可預測的**行為**，我們的工作專注在描繪**公司高階經理人**可預測的**行為**。的確，了解高階經理人行為模式的投資人可能會更能知道這些模式往往會持續下去。舉例來說，在一家公司使用積極會計實務的財務長，傾向在下一家公司也使用相同的手法。

此外，如果一項資產負債表指標訊號顯示公司將所有存貨「塞貨給通路」，投資人也應該可以在公司的歷史上察覺相似的趨勢，觀察過去相似的積極行為之後是否會出現營收短缺。儘管鑑識分析比科學還更有技巧，你還是會發現很多可靠持久的關係與模式。

10. 謙虛並充滿好奇心，永遠不要停止學習

當我們完成這本《財報詭計》第四版時，顯然很清楚我們從出版之後學到多少東西。我們天生就是好奇的人，而且總是尋找機會來學習新事物。此外，我們很幸運四週圍繞著對於解決複雜問題能力並獲得新技術與專業充滿動力的團隊成員與客戶。隨著我們在鑑識會計領域上成為大家認證的「大師」，我們保持謙卑

的心態，敏銳的意識到未來的學習曲線依然陡峭，需要向週遭的所有人學習。當我們犯錯，而且從中學習時，我們也意識到辨別錯誤的重要性。更重要的是，我們每天到辦公室努力工作，找出解決困難問題的方法，學習有用的東西，而且教導其他人一些有價值的事情。

結論

《財報詭計》第四版給投資人的經驗教訓是過去 25 年來對於很多詐欺的財報實務進行的考察。自從《財報詭計》出版以來，公司管理階層一直在設計新的方法來操縱財報，誇大股價和其他與薪資相關的指標。展望未來，隨著管理階層努力創造新奇的花招，勤奮的投資人必須持續學習檢測新財務舞弊的方法。

已有的事後必再有；已行的事後必再行。日光之下並無新事（傳道書 1:9）

企業財務醜聞就跟公司與投資人一樣久遠。不誠實的管理階層會掠奪毫無戒心的投資人，這樣的投資人現在應該要加倍努力去警覺這類財務舞弊，這樣才能保護自己。

因為最基礎的舞弊手法顯示管理階層試圖對公司財務表現和經濟健康狀況產生正面影響，因此，我們普遍提供的訊息是，投

資人應該假設誇大正向消息與掩蓋負面消息的衝動永遠不會消失，而且在存在誘惑的地方，舞弊手法往往也會跟著出現。

致謝

在寫這本書時，我們吸取過去 25 年的研究成果。我們對於過去與現在的同事表達最大的感謝與致意，他們充滿好奇心，擁有調查精神、聰明，而且有熱情的幫忙推動鑑識會計領域的發展。我們尤其對薛利鑑識公司團隊的工作感到自豪，包括 Aquiba Benarroch、Lucy Guo、Elie Himmelfarb、Kate Konetzke、Rebecca Lebwohl、Tom Skoglund、Sydney Traub，以及 Andrea Willette。與如此出色、有才華、友善與有趣的團隊並肩工作，讓我們的工作變得很愉快。我們也一直很感謝我們的客戶，他們希望得到我們的幫助，不讓他們的投資組合受到損失。

我們也深深感謝家人的愛與支持：

給了不起的 37 歲妻子 Diane，你的愛與支持一直是每項成就

的基礎。給 Jonathan、Suzanne 和 Amy，父親深感驕傲。給下一代薛利家的舞弊破壞者（Levi，Micah 和 Grace），祖父希望你也能為下個世紀的世界做出傑出的貢獻。

——霍華

給我的妻子安德莉亞（Andrea），你每天都以自己燦爛、仁慈與無盡的愛來讓我堅定心志、啟發著我。給我的四個漂亮的小孩：Shira、Orli、Lev, 和 Rina，你們的好奇心、善良與熱情激勵我，而且啟發了我。給我的父母 Vicki 和 Arthur，你們是我每天在奉獻心力與保持正直上的典範。

——傑瑞米

給 Talia，我永遠感謝你的愛、支持、啟發與鼓勵。給 Yakira、Nadav、Lior 和 Noam，你們提出很好的問題、洞見與充滿感染力的傻笑。給我的父母 Larry 和 Marlene，你們給我堅實的基礎和教育，並一直鼓勵我保有好奇心。

——恩格哈特

財報詭計

識破財報三表中的會計舞弊與騙局
Financial Shenanigans, Fourth Edition
How to Detect Accounting Gimmicks and Fraud in Financial Reports

作者：霍爾・薛利（Howard M. Schilit）、傑洛米・裴勒（Jeremy Perler）、尤尼・恩格哈特（Yoni Engelhart）｜譯者：徐文傑｜總編輯：富察｜主編：鍾涵瀞｜編輯協力：徐育婷｜企劃：蔡慧華｜視覺設計：Bianco Tsai、薛美惠｜印務經理：黃禮賢｜社長：郭重興｜發行人：曾大福｜出版發行：八旗文化／遠足文化事業股份有限公司｜地址：23141 新北市新店區民權路108-2號9樓｜電話：02-2218-1417｜傳真：02-8667-1851｜客服專線：0800-221-029｜信箱：gusa0601@gmail.com｜臉書：facebook.com/gusapublishing｜法律顧問：華洋法律事務所 蘇文生律師｜合作出版：美商麥格羅・希爾國際股份有限公司台灣分公司｜出版日期：2021年3月／初版一刷；2023年5月／初版三刷｜定價：520元

國家圖書館出版品預行編目(CIP)資料

財報詭計：識破財報三表中的會計舞弊與騙局 /霍爾・薛利（Howard
M. Schilit）、傑洛米・裴勒（Jeremy Perler）、尤尼．恩格哈特（Yoni
Engelhart）原著；徐文傑譯. -- 初版. -- 臺北市：麥格羅希爾臺灣分公
司；新北市：八旗文化，遠足文化事業股份有限公司, 2021.03
416面 ; 14.8×21公分

譯自 : Financial Shenanigans, Fourth Edition

ISBN 978-986-341-464-3 (平裝)

1.財務報表 2.財務分析

495.47   110003250